Physik der Solarzellen

Peter Würfel

Physik der Solarzellen

Spektrum Akademischer Verlag   Heidelberg·Berlin·Oxford

Titelbild: © THE IMAGE BANK/Guido Alberto Rossi

Die Deutsche Bibliothek – CIP-Einheitsaufnahme

Würfel, Pater:
Physik der Solarzellen / Peter Würfel. – Heidelberg ; Berlin ; Oxford :
Spektrum, Akad. Verl., 1995
　ISBN 3-86025-717-X

© 1995 Spektrum Akademischer Verlag GmbH　Heidelberg · Berlin · Oxford

Alle Rechte, insbesondere die der Übersetzung in fremde Sprachen, sind vorbehalten.
Kein Teil des Buches darf ohne schriftliche Genehmigung des Verlages photokopiert
oder in irgendeiner anderen Form reproduziert oder in eine von Maschinen verwendbare Sprache übertragen oder übersetzt werden.

Einbandgestaltung: Kurt Bitsch, Birkenau
Druck und Verarbeitung: Franz Spiegel Buch GmbH, Ulm

Spektrum Akademischer Verlag　Heidelberg · Berlin · Oxford
EIN VERLAG DER　SPEKTRUM FACHVERLAGE GMBH

Inhalt

VORWORT

1 PROBLEME DER GEGENWÄRTIGEN ENERGIEWIRTSCHAFT   2

  1.1 Energiewirtschaft   2

  1.2 Abschätzung des maximalen Vorrats an fossiler Energie   4

  1.3 Der Treibhauseffekt   6
    1.3.1 Die Verbrennung   6
    1.3.2 Die Erdtemperatur   6

2 PHOTONEN   9

  2.1 Schwarzer Strahler   9
    2.1.1 Photonendichte n_γ im Hohlraum (Plancksches Strahlungsgesetz)   9
    2.1.2 Energiestrom durch Fläche dA in den Raumwinkel $d\Omega$ 13
    2.1.3 Abstrahlung von einer Kugeloberfläche in den Raumwinkel $d\Omega$ 15
    2.1.4 Abstrahlung von einem Flächenelement in den Halbraum
        (Stefan - Boltzmannsches Strahlungsgesetz)   16

  2.2 Kirchhoffsches Strahlungsgesetz für nicht-schwarze Strahler   18

  2.3 Das Sonnenspektrum   20
    2.3.1 Air Mass   22

  2.4 Konzentration der Sonnenstrahlung   23
    2.4.1 Die Abbésche Sinusbedingung   25

  2.5 Maximaler Wirkungsgrad   28

3 HALBLEITER   33

  3.1 Elektronendichte im Halbleiter   34
    3.1.1 Zustandsdichte $D_e(\varepsilon_e)$ für Elektronen   35
    3.1.2 Verteilungsfunktion für Elektronen   39

  3.2 Löcher   42

  3.3 Dotierung   45

3.4 Quasi-Fermi-Verteilungen 48
    3.4.1 Fermi-Energie und elektrochemisches Potential 49
    3.4.2 Austrittsarbeit 53

3.5 Erzeugung von Elektronen und Löchern 54
    3.5.1 Absorption von Photonen 54
    3.5.2 Generation von Elektron-Loch-Paaren 58

3.6 Rekombination von Elektron-Loch-Paaren 61
    3.6.1 Strahlende Rekombination, Emission von Photonen 61
    3.6.2 Strahlungslose Rekombination 64
    3.6.3 Lebensdauer 71

4 UMWANDLUNG VON WÄRME IN CHEMISCHE ENERGIE ... 74

4.1 Maximaler Wirkungsgrad für die Erzeugung chemischer Energie ... 74

4.2 Maximal nutzbarer Strom chemischer Energie 76

5 ANTRIEB ZUR UMWANDLUNG VON CHEMISCHER ENERGIE IN ELEKTRISCHE ENERGIE ... 78

5.1 Transport von Elektronen und Löchern 79
    5.1.1 Feldstrom 79
    5.1.2 Diffusionsstrom 81
    5.1.3 Gesamtladungsstrom 82

5.2 Separation der Elektronen und Löcher 84

5.3 Diffusionslänge der Minoritätsladungsträger 86

5.4 Dielektrische Relaxation 88

5.5 Dember-Effekt 89

6 DIE STRUKTUR VON SOLARZELLEN ... 92

6.1 Elektrochemische Solarzelle 92

6.2 Der pn-Übergang 93
    6.2.1 Elektrochemisches Gleichgewicht der Elektronen im Dunkeln in einem pn-Übergang ... 94
    6.2.2 Potentialverlauf im pn-Übergang 95

6.2.3 Strom- Spannungskennlinie des pn-Übergangs 98

6.3 pn-Übergang mit Störstellen-Rekombination, 2-Dioden-Modell 103

6.4 Heteroübergänge 105

6.5 Halbleiter-Metall-Kontakt 108
   6.5.1 Schottky-Kontakt 110
   6.5.2 MIS-Kontakt 110

6.6 Die Rolle des elektrischen Feldes in Solarzellen 111

7 GRENZEN DER ENERGIEKONVERSION IN SOLARZELLEN 114

7.1 Maximaler Wirkungsgrad von Solarzellen 114

7.2 Wirkungsgrad als Funktion des Bandabstands 117

7.3 Die optimale Silizium-Solarzelle 118
   7.3.1 Lichteinfang 120

7.4 Dünnschicht-Solarzellen 125

7.5 Ersatzschaltung 126

7.6 Temperaturabhängigkeit der Leerlaufspannung 127

7.7 Wirkungsgrade der Einzelprozesse der Energiekonversion 128

7.8 Tandemzellen 130
   7.8.1 Schaltungsprobleme bei Tandemzellen 134

7.9 Konzentrator-Zellen 135

7.10 Thermophotovoltaische Energiekonversion 137

8 AUSBLICK 139

9 ANHANG 142

INDEX 144

Vorwort

Dieses Buch hat das Ziel, die Funktion von Solarzellen verständlich zu machen. Dabei wird versucht, möglichst allgemeingültige Kriterien für die Energiewandlung in Solarzellen aufzustellen, ohne sich von vornherein auf bestimmte Strukturen, wie z.B. den pn-Übergang zu beschränken. Aus diesem Grund wird deutlich herausgearbeitet, was die Kräfte sind, die die vom Licht erzeugten Elektronen und Löcher zum elektrischen Strom durch die Solarzelle antreiben. Es wird gezeigt, daß das in einem pn-Übergang schon im Dunkeln vorhandene elektrische Feld, das üblicherweise als Voraussetzung für eine Solarzelle angesehen wird, nicht zu den Eigenschaften gehört, die eine Solarzellenstruktur haben muß. Über technische Herstellungsprozesse ist in diesem Buch nichts enthalten. Dafür wird versucht, die physikalischen Prinzipien, die der Funktion einer Solarzelle zugrunde liegen, möglichst anschaulich und doch umfassend zu entwickeln. Mit ganz wenigen Ausnahmen werden alle physikalischen Relationen hergeleitet und an Beispielen erläutert. Damit wendet sich das Buch auch besonders an den Nicht-Physiker, dem so ein gründliches Verständnis ermöglicht werden soll. Betont wird eine weitgehend von bestehenden Solarzellen-Strukturen unabhängige thermodynamische Betrachtung. Sie ermöglicht eine allgemein-gültige Bestimmung von Grenzen für den Wirkungsgrad der Umwandlung von Wärmestrahlungsenergie der Sonne in elektrische Energie, die die Möglichkeiten und Grenzen für Verbesserungen gegenwärtiger Solarzellen aufzeigt. Den Weg dazu haben erstmals W. Shockley und H.J. Queisser gewiesen.[1]

Dieses Buch ist hervorgegangen aus einer Vorlesung über Solarzellen. Ich möchte mich an dieser Stelle bei den vielen Studenten bedanken, die mich auf Fehler aufmerksam gemacht haben oder Verbesserungen anregten. Die hier vorgestellten, von der üblichen Behandlung der Solarzellen mit dem elektrischen Feld eines pn-Übergangs als Antrieb abweichenden Vorstellungen haben sich in jahrelanger Zusammenarbeit mit meinem Lehrer, Prof. Dr. W. Ruppel, entwickelt.

Das große Interesse, das die Nutzung der Sonnenenergie allgemein findet, und die Motivation, sich speziell mit Solarzellen zu beschäftigen, rühren von den Schwierigkeiten der gegenwärtigen Energiewirtschaft her. Trotz des Waldsterbens sind diese jetzt noch klein gegen das, was uns in Zukunft erwartet. Durch die Nutzung der Sonnenenergie können diese Schwierigkeiten im Prinzip beseitigt werden, allerdings muß wohl gleichzeitig das Anwachsen der Weltbevölkerung zum Stillstand kommen.

---

[1] W. Shockley, H.J. Queisser, J. Appl. Phys., **32**, (1961), 510

1 Probleme der gegenwärtigen Energiewirtschaft

Die Energiewirtschaft fast aller, insbesondere der industrialisierten Länder basiert auf dem Verbrauch von gespeicherter Energie. Hauptsächlich ist das fossile Energie in der Form von Kohle, Erdöl und Erdgas, aber auch Kernenergie in der Form des Uranisotops U^{235}. Dabei haben wir es mit zwei Problemen zu tun. Das Leben von einem Vorrat geht nur so lange, bis er erschöpft ist. Darüber hinaus ist der Verbrauch des Vorrats mit unangenehmen Nebenwirkungen verbunden. Gegenwärtig sind diese noch kaum zu spüren, aber zukünftigen Generationen werden sie das Leben erschweren. In diesem Kapitel wollen wir die Größe des Vorrats an fossiler Energie abschätzen und die Gründe des Treibhauseffekts untersuchen, der eine praktisch nicht vermeidbare Folge des Verbrennens von Kohlenstoff ist.

1.1 Energiewirtschaft

Die Menge an chemischer Energie, die in fossilen Energieträgern gespeichert ist, wird gemessen in SteinKohleEinheiten, abgekürzt: SKE.
Es enthalten

$$\begin{array}{lllll}
1\,\text{kg Steinkohle} & = & 1.0\ \text{kg SKE} & = & 8.2\ \text{kWh} \\
1\,\text{kg Öl} & = & 1.4\ \text{kg SKE} & = & 12.0\ \text{kWh} \\
1\,\text{m}^3\ \text{Gas} & = & 1.1\ \text{kg SKE} & = & 9.0\ \text{kWh}
\end{array}$$

Der Verbrauch von chemischer Energie pro Zeit ist ein Energiestrom (Leistung), der dem Speicher entnommen wird. So ist ein mittlerer Verbrauch von 1 Tonne Steinkohle pro Jahr:

$$1\ \text{t SKE/a} = 8200\ \text{kWh/a} = 0.94\ \text{kW}.$$

Der Primärenergieverbrauch Deutschlands mit einer Bevölkerung von $80 \cdot 10^6$ Einwohnern betrug 1992

Art	Verbrauch in 10^6 t SKE/a	Verbrauch pro Kopf in kW/ Kopf
Gas	82	0.96
Öl	192	2.26
Kohle	149	1.75
gesamt	482	5.66

davon war elektrischer Energieverbrauch: 531 TWh/a = 60.6 GW ⇨ 0.76 kW/ Kopf.

Der Energieverbrauch in Deutschland von 5.66 kW pro Kopf ist sehr groß, gemessen an dem Energiestrom von 2000 kcal/d = 100 W, den der Mensch mit der Nahrung aufnimmt, und den er als Mindestbedarf zum Leben braucht.

Der Primärenergieverbrauch der Welt mit einer Bevölkerung von $5.5 \cdot 10^9$ Einwohnern betrug 1992

Art	Verbrauch in 10^9 t SKE/a	Verbrauch pro Kopf in kW/ Kopf
Gas	2.5	0.45
Öl	4.5	0.82
Kohle	3.1	0.56
gesamt	10.1	1.84

Dieser Energieverbrauch wurde gedeckt aus Vorräten. Die noch vorhandenen bekannten Energie-Vorräte betragen

Art	Vorrat in 10^{12} t SKE
Gas	0.33
Öl	1.6
Kohle	8.4
gesamt	10.4

Es wird geschätzt, daß von diesen Vorräten nur etwa 10% mit den heutigen Techniken und zu den heutigen Preisen wirtschaftlich abbaubar sind.
Der Energieverbrauch der Welt erscheint winzig im Vergleich zum Energiestrom von $1.7 \cdot 10^{17}$ W = $1.5 \cdot 10^{18}$ kWh/a = $1.8 \cdot 10^{14}$ t SKE/a, den die Sonne dauernd auf die Erde strahlt.
In dicht besiedelten Gebieten wie Deutschland ist die Bilanz nicht so günstig, wenn wir uns auf die natürlichen Prozesse der Photosynthese zur Umwandlung der Sonnenenergie in für uns nutzbare Energieformen beschränken. Auf das Gebiet von Deutschland mit einer Fläche von $0.36 \cdot 10^6$ km^2 strahlt die Sonne im Jahresmittel etwa $3.6 \cdot 10^{14}$ kWh/a = $4.3 \cdot 10^{10}$ t SKE/a. Die Photosynthese hat über alle Pflanzen gemittelt einen Wirkungsgrad von etwa 1% und bildet also aus Sonnenenergie rund $400 \cdot 10^6$ t SKE/a. Nicht nur, daß das nicht ausreicht, unseren Bedarf an Primärenergie von $482 \cdot 10^6$ t SKE/a zu decken, es reicht deswegen auch nicht aus, um den Sauerstoff auf der Fläche Deutschlands durch Photosynthese wieder zu erzeugen, den wir zusammen mit Gas, Öl und Kohle verbrennen. Lange vor einem merklichen Mangel an Sauerstoff wirkt sich aber die Zunahme des Verbrennungsprodukts CO_2 sehr nachteilig aus. Diese Abschätzung zeigt aber auch, daß die Deckung des Energiebedarfs durch Sonnenenergienutzung auf der Fläche Deutschlands Prozesse erfordert, die einen wesentlich höheren Wirkungsgrad haben als die Photosynthese.

1.2 Abschätzung des maximalen Vorrats an fossiler Energie

Wir nehmen für diese Abschätzung an, daß vor dem Entstehen des organischen Lebens weder freier Kohlenstoff noch freier Sauerstoff auf der Erde vorhanden waren. Für diese Annahme spricht, daß bei den früheren hohen Temperaturen Kohlenstoff und Sauerstoff schnell reagieren, sowohl miteinander zu CO_2 als auch mit vielen Elementen zu Karbiden und Oxiden. Da es auch heute noch an der Erdoberfläche elementare Metalle gibt, wenn auch in geringer Menge, ist anzunehmen, daß weder freier Kohlenstoff noch freier Sauerstoff mehr zur Reaktion verfügbar waren.

Der heute freie Sauerstoff in der Atmosphäre kann dann nur durch die später einsetzende Photosynthese entstanden sein. Somit kann aus der heutigen Menge an Sauerstoff in der Atmosphäre auf die Größe des Vorrats des in den Photosyntheseprodukten gespeicherten Kohlenstoffs geschlossen werden.

Bei der Photosynthese werden aus Wasser und Kohlendioxid Kohlehydrate aufgebaut nach der Reaktionsgleichung

$$n \cdot (H_2O + CO_2) \Rightarrow n \cdot CH_2O + n \cdot O_2 \;.$$

Ein typisches Produkt der Photosynthese ist die Glucose: $\quad C_6H_{12}O_6 \triangleq 6 \cdot CH_2O$.

Für diese Verbindung und für die meisten anderen Kohlehydrate gilt für das Verhältnis von freiem Sauerstoff zu in Kohlehydraten gespeichertem Kohlenstoff:

$$1 \text{ mol } O_2 \Rightarrow 1 \text{ mol } C$$

oder $\qquad\qquad\qquad 32 \text{ g } O_2 \Rightarrow 12 \text{ g } C$

Die Masse des gespeicherten Kohlenstoffs m_C ergibt sich aus der Masse des freien Sauerstoffs m_{O_2}

$$m_C = \tfrac{12}{32} \cdot m_{O_2} \;.$$

Der Sauerstoff, der bei der Photosynthese entstanden ist, findet sich zum größten Teil in der Atmosphäre, zu einem kleinen Teil nur gelöst im Wasser der Ozeane. Für eine Abschätzung reicht der Anteil in der Atmosphäre.

Aus dem Druck auf der Erdoberfläche von $p_E = 1 \text{ bar} = 10 \text{ N/cm}^2$, der vom Gewicht der auf uns lastenden Luft stammt, finden wir die Masse der Luft aus der Beziehung $m_{\text{Luft}} \cdot g = p_E \cdot \text{Fläche}$

und $\qquad\qquad m_{\text{Luft}} / \text{Fläche} = p_E / g = \dfrac{10 \text{N}/\text{cm}^2}{10 \text{m}/\text{s}^2} = 1 \text{kg}/\text{cm}^2 \;.$

Die Gesamtmasse der Luft ergibt sich durch Multiplikation mit der Oberfläche der Erde und ist $m_{\text{Luft}} = 1 \text{ kg/cm}^2 \cdot 4\pi R_{\text{Erde}}^2 = 5 \cdot 10^{15} \text{ t Luft}$.

Da die Luft aus 80% N_2 und 20% O_2 besteht (wir machen hier keinen Unterschied zwischen Volumenprozenten und Gewichtsprozenten), ist die Masse des Sauerstoffs: $m_{O_2} = 10^{15} \text{ t } O_2$.

Abschätzung des maximalen Vorrats an fossiler Energie

Die maximale Menge an Kohlenstoff, die aus der Photosynthese entstanden ist und jetzt noch in Lagerstätten auf der Erde vorhanden ist, ist damit:

$$m_C = \tfrac{12}{32} \cdot m_{O_2} = 400 \cdot 10^{12} \text{ t Kohlenstoff.}$$

Bisher wurden davon $10.4 \cdot 10^{12}$ t SKE gefunden.

Man kann also hoffen, daß die Vorräte an fossiler Energie bei weiterem Suchen noch weiter anwachsen werden. Tatsächlich sind in den letzten Jahren die Vorräte dauernd angewachsen, weil mehr gefunden als verbraucht wurde. Das darf aber nicht über die Dringlichkeit, den Abbau der Vorräte einzuschränken, hinweg täuschen. Wenn wir nämlich den gesamten Vorrat an vorhandenem Kohlenstoff für unseren Energiebedarf nutzen, dann machen wir die Photosynthesereaktion von Millionen von Jahren gerade rückgängig und beseitigen dabei allen Sauerstoff.

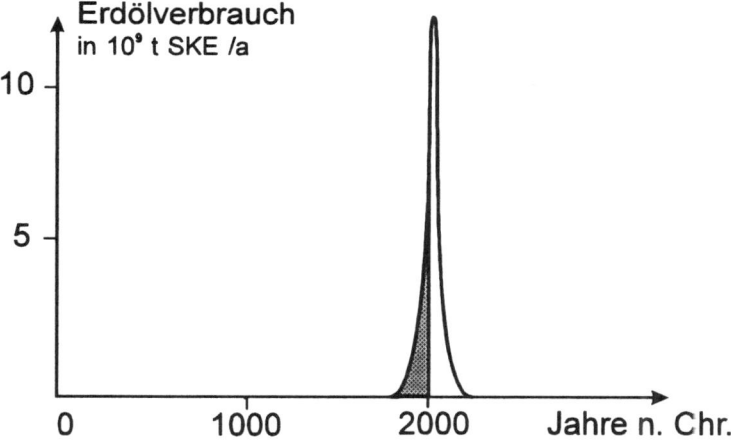

Abb.1.1   Verbrauch pro Jahr an Erdöl. Die Fläche unter der Kurve gibt die geschätzte Gesamtmenge der Ölvorräte an.

Betrachten wir den Öl- und Gasverbrauch als Beispiel für den Verbrauch der fossilen Energievorräte über einen längeren Zeitraum, z.B. seit Christi Geburt, dann ergibt sich mit Abb.1.1 ein erschreckendes Bild. Bis zum Beginn dieses Jahrhunderts ist der Verbrauch der Vorräte praktisch gleich Null. Er steigt dann exponentiell an bis zu einem Maximalwert, der in einigen Jahrzehnten erreicht sein wird. Danach sinkt er wieder, weil sich die Vorräte erschöpfen. Das Ergebnis wird sein, daß die Vorräte, die sich in Millionen Jahren angesammelt haben, in etwa hundert Jahren durch den Schornstein gejagt sein werden. Die Beseitigung der Vorräte ist dabei noch das geringere Problem. Schlimmer wird sich die Veränderung der Atmosphäre durch die Verbrennungsprodukte auswirken.

1.3 Der Treibhauseffekt

Bei der Verbrennung von fossilen Energieträgern entsteht CO_2. Die Erhöhung der Konzentration von Kohlendioxid in unserer Atmosphäre wird gravierende Folgen für unser Klima haben.
Gegenwärtig beträgt der CO_2-Anteil der Atmosphäre 0.03 %. Das entspricht einer Menge von $2.3 \cdot 10^{12}$ t CO_2.

1.3.1 Die Verbrennung

Reiner Kohlenstoff verbrennt nach der Reaktion: $\quad C + O_2 \Rightarrow CO_2$
danach reagieren $\quad 12g\ C + 32g\ O_2 \Rightarrow 44g\ CO_2$.

Die Masse an CO_2, die bei der Verbrennung erzeugt wird, ist durch die Masse von verbranntem Kohlenstoff gegeben durch die Beziehung $m_{CO_2} = 44/12 \cdot m_C$. Aus 1t Kohlenstoff werden bei der Verbrennung 3.7 t CO_2.

Für einzelne Kohlenstoffverbindungen ergeben sich etwas andere Verhältnisse:

Kohlehydrate: $\quad 30g\ CH_2O + 32g\ O_2 \Rightarrow 18g\ H_2O + 44g\ CO_2$.

Das ist die chemische Reaktion bei der Verbrennung der Nahrung im menschlichen Körper.
Methan (Hauptbestandteil des Erdgases): $16g\ CH_4 + 64g\ O_2 \Rightarrow 36g\ H_2O + 44g\ CO_2$.

Im Mittel entstehen aus den weltweit verbrannten 10^{10} t SKE/a $\Rightarrow 2.2 \cdot 10^{10}$ t CO_2 pro Jahr.
Eine Hälfte davon löst sich im Wasser der Ozeane, eine Hälfte bleibt in der Atmosphäre. Wenn der Energieverbrauch pro Jahr **nicht** weiter ansteigt, dann wird sich die Menge von CO_2 in der Atmosphäre erst nach etwa 200 Jahren verdoppeln. Steigt der Energieverbrauch aber weiter mit etwa 3% pro Jahr weltweit an, wird die Verdopplung des CO_2-Gehalts der Atmosphäre schon nach 60 - 70 Jahren erreicht. Dieser Anstieg ist weniger eine Folge des wachsenden Energieverbrauchs pro Kopf als eine Folge der wachsenden Zahl der Köpfe. Der Anstieg des CO_2-Gehalts der Atmosphäre wird Folgen haben für die Temperatur der Erde.

1.3.2 Die Erdtemperatur

Die Erdtemperatur ist stationär, d.h. zeitlich konstant, wenn der von der Sonne absorbierte Energiestrom so groß ist wie der abgestrahlte Energiestrom. Wir wollen abschätzen, welche Temperatur die Erde in diesem stationären Zustand hat. Dazu wenden wir hier schon Strahlungsgesetze an, die erst im nächsten Kapitel hergeleitet werden.
Die Energiestromdichte von der Sonne am Ort der Erde (außerhalb der Erdatmosphäre) ist:

$$j_{E,Sonne} = 1.3\ kW/m^2.$$

Bei vollständiger Absorption ist der von der ganzen Erde absorbierte Energiestrom:

$$I_{E,abs} = \pi R_E^2 \, j_{E,Sonne} \qquad R_E = 6370 \text{ km, Radius der Erde.}$$

Die von der Erde abgestrahlte Energiestromdichte ist nach dem Stefan-Boltzmann-Gesetz

$$j_{E,Erde} = \sigma T_E^4 \qquad \sigma = 5.7 \cdot 10^{-8} \text{ W/(m}^2\text{K}^4\text{)}$$

und der Energiestrom, der von der ganzen Erde emittiert wird, ist

$$I_{E,emit} = 4\pi R_E^2 \, \sigma \, T_E^4.$$

Aus $I_{E,abs} = I_{E,emit}$ folgt als Abschätzung für die mittlere Temperatur der Erde $T_E = 275$K.

Tatsächlich ist die mittlere Temperatur der Erde etwa 288K. Die ungefähre Übereinstimmung ist jedoch zufällig. Berücksichtigt man, daß etwa 30% der einfallenden Sonnenstrahlung reflektiert werden und nur etwa 70% (1kW/m^2) die Erde erreichen, ergibt sich eine Temperatur von 258K. Die tatsächliche Erdtemperatur ist größer, weil die Abstrahlung der Erde teilweise von der Atmosphäre absorbiert wird. Dadurch erwärmt sich die Atmosphäre und strahlt wieder Wärme auf die Erde zurück Dasselbe passiert in Treibhäusern, wo die Glasabdeckung die aus dem Treibhaus emittierte Wärmestrahlung absorbiert und Wärme wieder in das Treibhaus zurückstrahlt.

Wir wollen für den Treibhauseffekt eine einfache Modellrechnung durchführen.
Das Spektrum der Sonnenstrahlung hat (bei Auftragung über der Wellenlänge) ein Maximum bei etwa 0.5μm, dafür ist die Atmosphäre durchsichtig. Die Strahlung der Erde hat auf Grund der niedrigeren Temperatur ihr Maximum bei etwa 10μm (im Infraroten). Alle drei-atomigen Moleküle, also auch CO_2, sind gute Absorber im infraroten Bereich. Dies bedeutet, daß zwar der größte Teil der Sonnenstrahlung die Erde erreicht, aber ein großer Teil der Abstrahlung der Erde von der Atmosphäre absorbiert wird. Dadurch erwärmt sich die Atmosphäre und sie strahlt ihrerseits wieder Wärme zur Erde zurück. Die Erdtemperatur wird maximal, wenn die Strahlung der Erdoberfläche vollständig von der Atmosphäre absorbiert wird, was bei weiterem Anstieg des Gehalts an CO_2 zu befürchten ist.

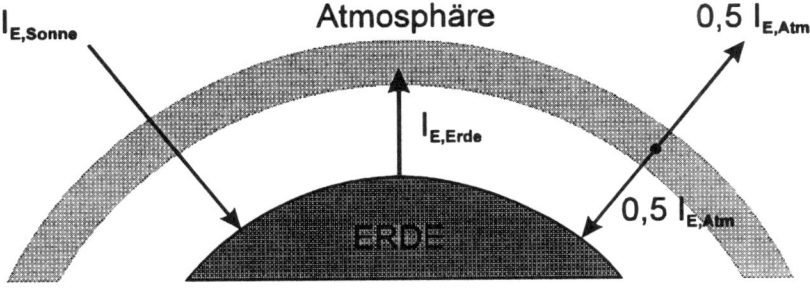

Abb.1.2 Bilanz der absorbierten und emittierten Energieströme auf der Oberfläche der Erde

Wir nehmen an, daß die Erde alle Strahlung absorbiert, die auf sie von der Sonne und von der Atmosphäre einfällt. Im stationären Zustand muß sie auch genau soviel emittieren. Alles, was sie im Infraroten emittiert, werde von der Atmosphäre absorbiert. Dann ist entspechend der Abb.1.2

$$I_{E,emit,Erde} = I_{E,Sonne} + 1/2\, I_{E,Atm}.$$

Da die Abstrahlung der Erde von der Atmosphäre vollständig absorbiert wird, kann der von der Sonne einfallende und auf der Erdoberfläche absorbierte Energiestrom nur von der Atmosphäre in den Weltraum abgestrahlt werden. Also gilt:

$$1/2\, I_{E,Atm} = I_{E,Sonne}$$

und

$$I_{E,Erde} = 2\, I_{E,Sonne}.$$

Daraus folgt

$$4\pi R_E^2 \cdot \sigma\, T_{E,Treibhaus} = 2 \cdot \pi R_E^2 \cdot 1.3\, kW/m^2$$

und damit dann eine Temperatur

$$T_{E,Treibhaus} = \sqrt[4]{2}\, T_E = 1.19 \cdot 275K = 327K = 54°C.$$

Bei dieser mittleren Temperatur wäre die Erde für uns weitgehend unbewohnbar.
Die Vergrößerung der Absorption der Infrarotstrahlung in der Atmosphäre durch menschlichen Einfluß rührt allerdings nur zur Hälfte von der CO_2-Produktion her, in die andere Hälfte teilen sich Methan, Fluorchlorkohlenwasserstoffe (FCKW) und Stickoxide.

Bei der Abschätzung des Treibhauseffekts haben wir die Atmosphäre wie einen Ofenschirm mit einheitlicher Temperatur behandelt, der die Sonnenstrahlung durchläßt und die Strahlung der Erde absorbiert. Berücksichtigt man, daß die Temperatur der Atmosphäre nicht einheitlich ist, dann wird sie besser durch viele hintereinander gestellte Ofenschirme beschrieben. Daß sich damit noch wesentlich höhere Temperaturen ergeben, zeigen die Verhältnisse auf der Venus. Ihr Abstand zur Sonne ist 0.723 des Abstandes der Erde zur Sonne. Die Energiestromdichte der Strahlung von der Sonne ist deshalb am Ort der Venus doppelt so groß wie am Ort der Erde. Die Atmosphäre der Venus besteht fast vollständig aus CO_2. Behandelt man die Venusatmosphäre wie einen einzigen Ofenschirm einheitlicher Temperatur, dann ergibt sich die Venustemperatur um den Faktor $\sqrt[4]{2}$ größer als die Erdtemperatur und wäre 116°C. Tatsächlich aber ist es auf der Venus etwa 475°C heiß.

2 Photonen

Die Photonen sind die Teilchen des Lichts. Die Photonen, auf die unser Auge reagiert, die wir also sehen, haben Energien $\hbar\omega$ zwischen 1.5 eV und 3 eV. Sie bewegen sich immer mit Lichtgeschwindigkeit, im Vakuum mit $c_0 = 3\cdot 10^8$ m/s, in einem Medium mit dem Brechungsindex n mit $c = c_0/n$. Daß Licht auch als elektro-magnetische Welle bezeichnet wird, ist dazu kein Widerspruch. Das Quadrat des Betrags der Feldstärke der elektromagnetischen Welle gibt an, wo man die Photonen findet. Anders als man es für Schrotkugeln gewohnt ist, folgen die Photonen nicht der üblichen, Newtonschen Mechanik, sondern der Quantenmechanik, deren Abweichungen von der Newtonschen Mechanik nur für Teilchen sehr kleiner Energie deutlich werden. Da man sich Teilchen, die nicht geradeaus fliegen, schlecht vorstellen kann, benutzt man in einer dualistischen Betrachtung meist das Wellenbild, wenn es um Beugung und Interferenzen geht und das Teilchenbild, wenn es, wie in diesem Buch, um den quantenhaften Transport von Energie geht.

2.1 Schwarzer Strahler

Wir definieren einen schwarzen Strahler als einen Körper, der Strahlung bei allen Photonenenergien $\hbar\omega$ vollständig absorbiert. Sein Absorptionsgrad ist

$$a(\hbar\omega) = 1 . \tag{2.1}$$

Eine mögliche Realisierung ist ein kleines Loch in einem Hohlraum. Die Bezeichnung schwarz hat dieses Loch, weil es uns schwarz erscheint, wenn das Innere des Hohlraums auf niedriger Temperatur ist. Wenn das Innere auf hoher Temperatur ist wie ein Brennofen, dann erscheint ein Loch, durch das man in das Innere des Ofens sieht, natürlich sehr hell. Das Loch hat aber unabhängig von der Emission von Strahlung immer noch die Eigenschaft, alle einfallende Strahlung zu absorbieren und wird deshalb weiterhin als schwarz bezeichnet.

Die Sonne ist ein schwarzer Strahler, ebenso jeder nicht-reflektierende Körper, wenn er nur dick genug ist.

2.1.1 Photonendichte n_γ im Hohlraum (Plancksches Strahlungsgesetz)

Das Plancksche Strahlungsgesetz gibt an, wie groß die Dichte $dn_\gamma(\hbar\omega)$ der Photonen im Hohlraum ist, die Energien zwischen $\hbar\omega$ und $\hbar\omega+d\hbar\omega$ haben. Wie immer bei der Festlegung von Teilchendichten geht man so vor, daß man zuerst die Dichte D der Zustände für diese Teilchen bestimmt. Die Dichte der Teilchen ergibt sich dann als die Dichte der besetzten Zustände mittels einer Besetzungs- oder Verteilungsfunktion f.

$$dn_\gamma(\hbar\omega) = D_\gamma(\hbar\omega) f_\gamma(\hbar\omega) d\hbar\omega \tag{2.2}$$

Dabei ist $D_\gamma(\hbar\omega)$ die Dichte (pro Volumen und pro Energieintervall) der von Photonen besetzbaren Zustände, und $f_\gamma(\hbar\omega)$ ist die Besetzungswahrscheinlichkeit oder Verteilungsfunktion, die die Verteilung der Photonen auf die Zustände mit der Energie $\hbar\omega$ regelt.

2.1.1.1 Zustandsdichte $D_\gamma(\hbar\omega)$ für Photonen

Zwei Zustände sind verschieden, wenn sie sich im Ort und im Impuls um mehr als die Unbestimmtheit eines dieser Zustände unterscheiden. Diese Heisenbergsche Unbestimmtheitsrelation ist für eine Dimension

$$\Delta x \, \Delta p_x \geq h \, . \qquad (2.3)$$

Ein Zustand hat damit im Orts- und Impulsraum das "Phasenraum"-Volumen

$$\Delta x \, \Delta p_x \, \Delta y \, \Delta p_y \, \Delta z \, \Delta p_z = h^3$$

Da die Photonen im Hohlraum nicht lokalisiert sind, ist die Unbestimmtheit ihres Ortes gleich dem ganzen Volumen des Hohlraums. Also ist

$$\Delta x = L_x \qquad \text{und damit} \qquad \Delta p_x = h/L_x$$

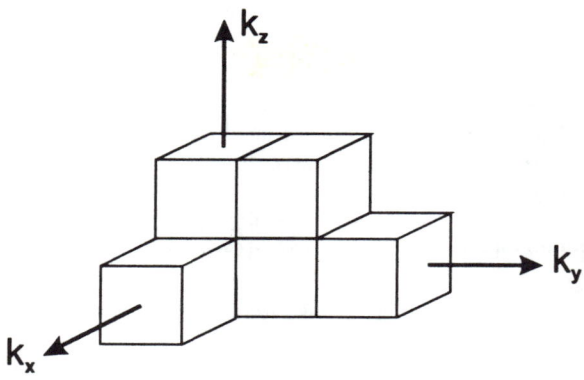

Abb. 2.1 Volumen der Zustände im Impulsraum

Die möglichen Werte der x-Komponente des Impulses liegen in Intervallen der Breite h/L_x bei

$$p_x = 0, \ \pm h/L_x, \ \pm 2h/L_x, \ ...$$

Analoge Beziehungen ergeben sich für Δy und Δp_y sowie für Δz und Δp_z.

Der Impuls $\vec{p}$ hängt mit dem Wellenvektor $\vec{k}$ zusammen über die Beziehung

$$|\vec{p}| = \hbar\omega/c = \hbar|\vec{k}|, \ \hbar = h/2\pi$$

Der Wellenvektor beschreibt die Ausbreitung einer Welle mit der Amplitude

$$A(x,t) = A_0 \exp\left[i(\vec{k}\vec{x} - \omega t)\right]$$

Aus den möglichen Werten des Impulses ergeben sich die möglichen Werte des Wellenvektors bei:

$$k_x = 0, \pm 2\pi/L_x, \pm 4\pi/L_x, \ldots$$

Zwei benachbarte Zustände unterscheiden sich im Wellenvektor um $\Delta k_x = 2\pi/L_x$.

In 3 Dimensionen nimmt ein Zustand im Ortsraum das Volumen $L_x L_y L_z = V$ ein und im Wellenvektorraum das Volumen $(\Delta k_x \Delta k_y \Delta k_z) = 8\pi^3/V$.

Berücksichtigen wir noch, daß es Licht mit zwei unabhängigen Polarisationsrichtungen (senkrecht zueinander) gibt, also in jedem Phasenraumvolumenelement Platz für zwei Photonen ist, dann wird die Zahl der Zustände im Ortsraumvolumen V für alle Photonen mit $|k'| \le |k|$

$$N(|k|) = 2 (4\pi/3) |k|^3 / (8\pi^3/V).$$

Mit der Energie pro Photon $\hbar\omega = \hbar |k| c$ ist die Zahl der Zustände für Photonen mit einer Energie $\hbar\omega' \le \hbar\omega$

$$N(\hbar\omega) = (\hbar\omega)^3 V / (3\pi^2 \hbar^3 c^3)$$

Die Zustandsdichte als die Zahl der Zustände pro Ortsraumvolumen V, pro Energieintervall $d\hbar\omega$ ist:

$$D_\gamma(\hbar\omega) = 1/V \cdot \frac{dN(\hbar\omega)}{d\hbar\omega} = (\hbar\omega)^2 / (\pi^2 \hbar^3 c^3) \quad (2.4)$$

mit der Ausbreitungsgeschwindigkeit der Photonen im Hohlraum $c = c_0/n$, wenn n die Brechzahl des Mediums im Hohlraum ist. Mit dieser Zustandsdichte haben wir alle Zustände für Photonen erfaßt unabhängig von der Richtung, in die sie fliegen, die die Richtung ihres Impulses, also die Richtung von $\vec{k}$ ist.

In jedem Punkt des Hohlraums bewegen sich die Photonen in alle Richtungen, das heißt isotrop. Uns interessieren die Photonen, die fähig sind, durch ein Loch den Hohlraum zu verlassen. Das sind die Photonen, die an einem Ort des Hohlraums auf das Loch zufliegen, deren Impulse in diese Richtungen zeigen. Da die Photonen nicht mit einander stoßen, also ihre Richtung beibehalten, finden wir diese Photonen, wenn wir ihre Dichte an jeder Stelle des Raums pro Raumwinkel bestimmen, und diese Dichte pro Raumwinkel mit dem Raumwinkelelement $d\Omega$ multiplizieren, unter dem das Loch erscheint. Denken wir uns eine Kugel mit dem Abstand zum Loch als Radius R um die Stelle, an der uns die Dichte der Photonen im Raumwinkelelement $d\Omega$ interessiert, dann enthält $d\Omega$ alle die Photonen, die durch ein Oberflächenelement dO der Kugel, nämlich das Loch, fliegen. Das Raumwinkelement ist definiert als $d\Omega = dO / R^2$. Die Auswahl von Impulsrichtungen durch das Raumwinkelelement $d\Omega$ bedeutet für den Ortsraum, daß die Photonen mit den so ausgewählten Impulsen sich an <u>einer</u> Stelle in die durch $d\Omega$ angegebenen Richtungen bewegen.

Der größte Wert von Ω ist 4π, für einen Raumwinkel, der alle Richtungen umfaßt. Für die isotrope Verteilung der Zustände im k-Raum ist die Zustandsdichte pro Raumwinkel

$$D_{\gamma,\Omega}(\hbar\omega) = D_\gamma(\hbar\omega)/4\pi .$$

2.1.1.2 Verteilungsfunktion $f_\gamma(\hbar\omega)$ für Photonen

Für Photonen gilt wegen ihres ganzzahligen Spins die Bose-Einstein Verteilung, die angibt, mit welcher Wahrscheinlichkeit Zustände für Photonen der Energie $\hbar\omega$ besetzt sind.

$$f_\gamma(\hbar\omega) = \frac{1}{\exp\left(\dfrac{\hbar\omega}{kT}\right) - 1} \tag{2.5}$$

Darin und immer in der Kombination kT ist $k = 8.618 \cdot 10^{-5}$ eV/K die Boltzmannkonstante.

Das Plancksche Strahlungsgesetz gibt die Zahl der Photonen pro Volumen im Raumwinkel $d\Omega$ und im Energieintervall zwischen $\hbar\omega$ und $\hbar\omega + d\hbar\omega$ an und ist:

$$dn_\gamma(\hbar\omega) = D_{\gamma,\Omega}(\hbar\omega)\, d\Omega\, d\hbar\omega / (\exp(\hbar\omega/kT) - 1) = \frac{(\hbar\omega)^2\, d\Omega}{4\pi^3\hbar^3 c^3} \cdot \frac{d\hbar\omega}{\exp(\hbar\omega/kT) - 1} . \tag{2.6}$$

Mit der Energie pro Photon $\varepsilon_\gamma = \hbar\omega$ bekommen wir die Energie pro Volumen, im Raumwinkelelement und im Photonenenergieintervall

$$de_\gamma(\hbar\omega) = \frac{D_{\gamma,\Omega}(\hbar\omega)\,\hbar\omega\, d\Omega\, d\hbar\omega}{\exp(\hbar\omega/kT) - 1} = \frac{(\hbar\omega)^3\, d\Omega}{4\pi^3\hbar^3 c^3} \cdot \frac{d\hbar\omega}{\exp(\hbar\omega/kT) - 1} . \tag{2.7}$$

Die Energiedichte $de_\gamma(\hbar\omega)$ im Photonenenergieintervall hat ihren Maximalwert bei einer Photonenenergie von

$$\hbar\omega_{max} = 2.82\, kT . \tag{2.8}$$

Häufig findet man die Energiedichte im Wellenlängenintervall $d\lambda$ als Funktion von λ angegeben. Mit

$$\hbar\omega = h\nu = \frac{hc}{\lambda} \qquad \text{und} \qquad d\hbar\omega = -\frac{hc}{\lambda^2} d\lambda \tag{2.9}$$

ist

$$de(\lambda) = \frac{2hc\, d\Omega}{\lambda^5} \cdot \frac{1}{\exp(hc/\lambda kT) - 1} d\lambda \tag{2.10}$$

Das Minuszeichen lassen wir weg. Es bedeutet, daß mit wachsender Wellenlänge λ die Photonenenergie $\hbar\omega$ abnimmt. Das Maximum von $de(\lambda)$ liegt bei

$$\lambda_{max} = \frac{hc}{5kT} = 0.248 \frac{\mu m\, eV}{kT} .$$

Für die Umrechnung von Photonenenergien $\hbar\omega$ in Wellenlängen λ benutzen wir Gl.(2.9):

$$\hbar\omega\,\lambda = hc = 1.241 \text{ eV }\mu\text{m}. \tag{2.11}$$

Die Gesamtstrahlungsenergie pro Volumen im Hohlraum oder die Energiedichte wird mit Gl.(2.7)

$$e_\gamma = \int_0^\infty \frac{(\hbar\omega)^3\,d\hbar\omega}{4\pi^3\hbar^3c^3[\exp(\hbar\omega/kT)-1]} \int_0^{4\pi} d\Omega \tag{2.12}$$

mit $x = \hbar\omega/kT$ wird die Energiedichte

$$e_\gamma = \frac{(kT)^4}{4\pi^3\hbar^3c^3}\underbrace{\int_0^\infty \frac{x^3\,dx}{e^x-1}}_{\pi^4/15}\,4\pi = \frac{\pi^2 k^4}{15\,\hbar^3c^3}\,T^4. \tag{2.13}$$

Die Photonendichte wird mit Gl.(2.6) entsprechend

$$n_\gamma = \frac{(kT)^3}{4\pi^3\hbar^3c^3}\underbrace{\int_0^\infty \frac{x^2\,dx}{e^x-1}}_{2.40411}\,4\pi = \frac{2.40411\,k^3}{\pi^2\hbar^3c^3}\,T^3. \tag{2.14}$$

Die mittlere Energie der Photonen der schwarzen Strahlung ist

$$\langle\hbar\omega\rangle = e_\gamma/n_\gamma = 2.701\,kT. \tag{2.15}$$

2.1.2 Energiestrom durch Fläche dA in den Raumwinkel $d\Omega$

Die Energiedichte pro Raumwinkel ist $e_\Omega = e_\gamma/4\pi$ für das ganze Spektrum. Die Photonen, die sie transportieren, bewegen sich mit der Geschwindigkeit c. Durch ein kleines Loch eines Hohlraums mit der Fläche dA in einen kleinen Raumwinkel $d\Omega$ senkrecht zu dA ist der Energiestrom

$$dI_E = e_\Omega \cdot c\cdot d\Omega\,dA. \tag{2.16}$$

Der Energiestrom, der von einer Senderfläche dA_1 auf eine Empfängerfläche dA_2 im Abstand R_{12} gestrahlt wird, kann auf zwei Weisen betrachtet werden:

Vom Sender aus gesehen geht der Energiestrom dI_{E1} von allen Punkten der Fläche dA_1 in den Raumwinkel $d\Omega_2 = dA_2/R_{12}^2$.

Vom Empfänger aus gesehen kommt der Energiestrom dI_{E2} auf alle Punkte der Fläche dA_2 aus dem Raumwinkel $d\Omega_1 = dA_1/R_{12}^2$.

Es ist natürlich immer der gleiche Energiestrom

$$dI_{E1} = e_{\Omega 1}\,c\,dA_1\,dA_2/R_{12}^2 = dI_{E2} = e_{\Omega 2}\,c\,dA_2\,dA_1/R_{12}^2. \tag{2.17}$$

Wir sehen, daß die Energiedichte pro Raumwinkel $e_{\Omega 1} = e_{\Omega 2}$ ist, daß sie sich also beim Transport durch das Vakuum nicht ändert. Mit der Energiedichte pro Raumwinkel können wir auch die Energiestromdichte pro Raumwinkel bilden,

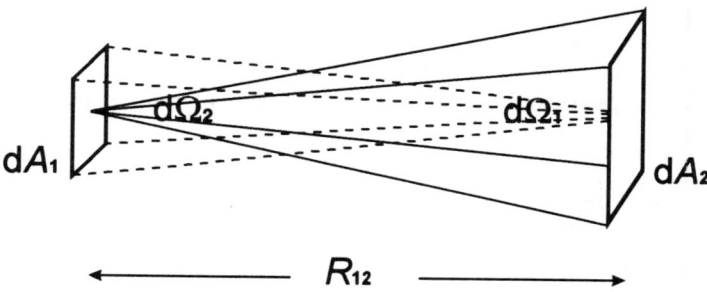

Abb.2.2 Raumwinkel $d\Omega_2$, unter dem die Fläche dA_2 von dA_1 aus gesehen wird, und $d\Omega_1$, unter dem dA_1 von dA_2 aus erscheint

$$j_{E,\Omega} = e_\Omega c \, ,$$

die sich natürlich auf dem Weg vom Sender zum Empfänger auch nicht ändert. Daß der Energiestrom dI_{E2} auf der Empfängerfläche mit wachsendem Abstand R_{12} vom Sender kleiner wird, liegt also allein am kleiner werdenden Raumwinkel $d\Omega_1 = dA_1/R_{12}^2$, unter dem der Sender erscheint.

Es muß betont werden, daß der Raumwinkel $d\Omega$, in den von einem Flächenelement Strahlung emittiert wird, oder aus dem auf ein Flächenelement Strahlung auftrifft, eine lokale Größe ist, die an jedem Raumpunkt die Impulsverteilung (bezüglich der Richtung) der dort vorhandenen (emittierten oder einfallenden) Photonen angibt.

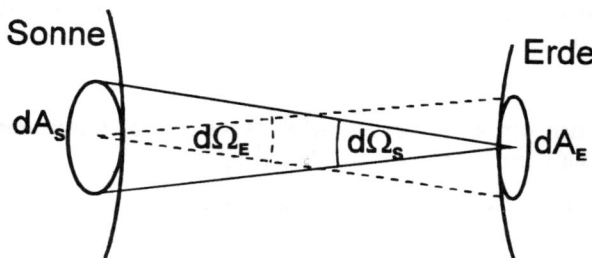

Abb. 2.3 Raumwinkel $d\Omega_S$, unter dem das Flächenelement dA_S der Sonne von der Erde aus erscheint, und Raumwinkel $d\Omega_E$, unter dem das Flächenelement dA_E der Erde von der Sonne aus erscheint.

Der Energiestrom, der nach Abb.2.3 von einem Flächenelement dA_S der Sonne auf ein Flächenelement dA_E der Erde trifft, wenn dA_S und dA_E beide senkrecht auf der Verbindung Sonne - Erde im Abstand R_{SE} stehen, ist

$$dI_{Sonne-Erde} = e_{\Omega,Sonne}\, c\, d\Omega_E\, dA_S \qquad (2.18)$$

$$= e_{\Omega,Sonne}\, c\, \frac{dA_E\, dA_S}{R_{SE}^2}$$

$$= e_{\Omega,Sonne}\, c\, dA_E\, d\Omega_S\, .$$

Entsprechend der ersten Zeile ist die Energiestromdichte pro Raumwinkel auf der Sonne in einem Punkt des Flächenelements dA_S

$$j_{E,\Omega,Sonne} = \frac{dI_{Sonne-Erde}}{dA_S\, d\Omega_E} = e_{\Omega,Sonne} \cdot c\, . \qquad (2.19)$$

Sie ist entsprechend der dritten Zeile von Gl.(2.18) identisch mit der Energiestromdichte pro Raumwinkel auf der Erde in einem Punkt des Flächenelements dA_E

$$j_{E,\Omega,Erde} = \frac{dI_{Sonne-Erde}}{dA_E\, d\Omega_S} = e_{\Omega,Sonne} \cdot c = j_{E,\Omega,Sonne}\, .$$

Das ist ein wichtiges Ergebnis. Obwohl der Energiestrom auf eine Fläche, oder die Energiestromdichte, mit der Entfernung von der Sonne abnimmt, in der Nähe der Sonne viel größer ist als auf der Erde, bleibt dabei die Energiestromdichte pro Raumwinkel unverändert. In der Nähe der Sonne sieht man die Sonne nur unter einem größeren Raumwinkel als am Ort der Erde.

Ein Meßinstrument für $j_{E,\Omega}$ ist eine dünne lange Röhre, die einen kleinen Raumwinkel festlegt, aus dem am Ende der Röhre Energie empfangen wird.

Um den Energiestrom, der von der ganzen Sonne zur Erde emittiert wird, zu finden, müssen wir über die Oberfläche der Sonne integrieren. Dabei ist zu beachten, daß dann nicht alle Flächenelemente senkrecht zur Verbindung Sonne - Erde stehen.

2.1.3 Abstrahlung von einer Kugeloberfläche in den Raumwinkel $d\Omega$

Wie groß die Energiestromdichte dI_E ist, die nicht senkrecht zum Flächenelement dA_S in den Raumwinkel $d\Omega_E$ abgestrahlt wird, erkennen wir mit einem Blick auf die Sonne. Sie erscheint uns trotz ihrer Kugelgestalt als gleichmäßig helle Scheibe (von einer geringen Schwächung am Rand abgesehen). Daraus schließen wir, daß jedes Flächenelement, das uns gleich groß **erscheint**, auch gleich viel in unsere Richtung abstrahlt. Die scheinbare Größe dA'_S eines Flächenelementes dA_S ist die Projektion von dA_S auf eine Ebene senkrecht zur Verbindung Sonne - Erde, also

$$dA'_S = dA_S \cos\vartheta$$

und der Energiestrom $\qquad dI_E = j_{E,\Omega}\, d\Omega_E\, dA_S \cos\vartheta\, .$

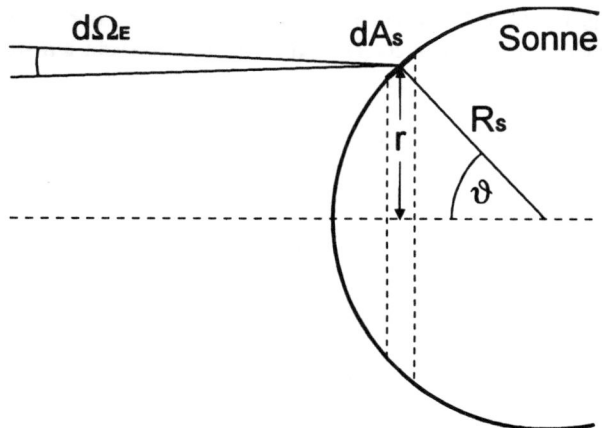

Abb. 2.4 Zum Energiestrom vom Flächenelement dA_S der Sonnenoberfläche in den Raumwinkel $d\Omega_E$, unter dem die Erde erscheint.

Entsprechend der Abb.2.4 haben alle Flächenelemente auf einem Ring um die Verbindung Sonne - Erde den gleichen Winkel ϑ gegen die Verbindungslinie. Der Radius dieses Rings ist $r = R_S \sin\vartheta$, R_S ist der Radius der Sonne. Die Fläche des Rings ist

$$dA_S = 2\pi\, r\, R_S\, d\vartheta = 2\pi\, R_S^2 \sin\vartheta\, d\vartheta .$$

Da nur die uns zugewandte Halbkugel Energie zur Erde strahlt, ist der von der Sonne insgesamt zur Erde gestrahlte Energiestrom

$$I_E = j_{E,\Omega} \cdot d\Omega_E \int_0^{\pi/2} 2\pi R_S^2 \sin\vartheta \cos\vartheta\, d\vartheta . \tag{2.20}$$

Mit $\cos\vartheta\, d\vartheta = d(\sin\vartheta)$ ist die Integration einfach und

$$I_E = j_{E,\Omega}\, d\Omega_E\, \pi\, R_S^2 . \tag{2.21}$$

Wir finden damit genau das, was wir vorausgesetzt hatten: Der Energiestrom zur Erde ist genau so groß wie von einer Scheibe mit dem Sonnenradius R_S, die senkrecht auf der Verbindung Sonne - Erde steht.

2.1.4 Abstrahlung von einem Flächenelement in den Halbraum (Stefan - Boltzmannsches Strahlungsgesetz)

Stellen wir uns um das Flächenelement dA, von dem Strahlung emittiert wird, eine Halbkugel mit Radius R vor, dann sieht man alle Flächenelemente, die auf einem Ring der Halbkugel liegen, von dA aus unter dem gleichen Winkel ϑ gegen die Flächennormale. Die weitere Behandlung erfolgt wie im vorangehenden Abschnitt 2.1.3. Durch die Fläche des Rings $dO = 2\pi R^2 \sin\vartheta\, d\vartheta$ wird ein Raumwinkelelement $d\Omega = dO/R^2 = 2\pi \sin\vartheta$

$d\vartheta$ festgelegt. Die Integration über alle Energieströme $dI_E = j_{E,\Omega}\, d\Omega\, dA\, \cos\vartheta$ ergibt den insgesamt von dem Flächenelement in den Halbraum emittierten Energiestrom

$$I_E = j_{E,\Omega}\, \pi\, dA \qquad (2.22)$$

und die Energiestromdichte am Ort der emittierenden Fläche dA

$$j_E = j_{E,\Omega}\, \pi \qquad (2.23)$$

Mit Gl.(2.13) für die Energiedichte ergibt sich das Stefan-Boltzmann-Gesetz

$$j_E = \frac{\pi^2 k^4}{60 \hbar^3 c^2} T^4 = \sigma T^4. \qquad (2.24)$$

Der Wert der Konstanten $\sigma = 5.67 \cdot 10^{-8}\, W/(m^2 K^4)$ war von Stefan ursprünglich experimentell und später von Boltzmann theoretisch bestimmt worden.

Die Abhängigkeit der Energiestromdichte von $\cos\vartheta$ am Ort des Emitters, die in Abb.2.5 gezeigt ist, führt dazu, daß der insgesamt in den Halbraum ($\Omega = 2\pi$) emittierte Energiestrom gerade so groß ist, als ginge er mit dem Wert des Energiestroms pro Raumwinkel für $\vartheta=0$ unabhängig von ϑ in den Raumwinkel $\Omega_{\mathit{eff}}= \pi$.

Mit Gl.(2.23) läßt sich die Energiedichte pro Raumwinkel auch schreiben als

$$e_\Omega = \frac{\sigma}{\pi \cdot c} \cdot T^4. \qquad (2.25)$$

Die Energiestromdichte pro Raumwinkel ist für einen schwarzen Strahler

$$j_{E,\Omega} = \frac{\sigma T^4}{\pi},$$

und die senkrecht zu einer Fläche in den kleinen Raumwinkel $d\Omega$ emittierte Energiestromdichte ist

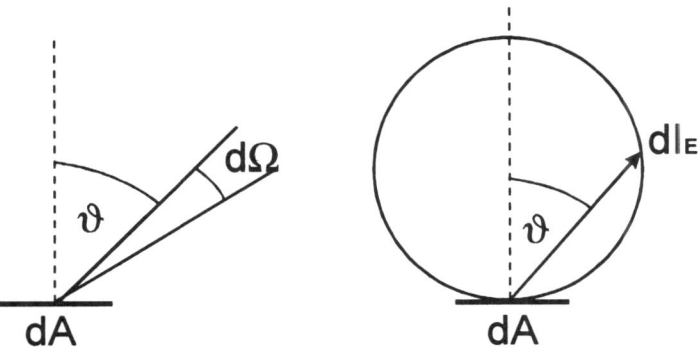

Abb. 2.5 Zur Abhängigkeit des emittierten Energiestroms dI_E vom Winkel ϑ gegen die Flächennormale

$$j_E = \sigma T^4 \frac{d\Omega}{\pi}. \tag{2.26}$$

Wie schon gesagt, bedeutet die Abhängigkeit des Energiestroms von cos ϑ, daß uns eine Licht emittierende Fläche unter allen Winkeln gleich hell erscheint.
Dieses sogenannte Lambert'sche Verhalten ist nicht selbstverständlich. Man findet es streng erfüllt bei Flächen von Körpern, die alle auf sie auftreffende Strahlung absorbieren, also von schwarzen Körpern.
Lambert'sches Verhalten einer emittierenden Fläche hat auch zur Folge, daß die außerhalb der Fläche beobachtete Energiestromdichte pro Raumwinkel $j_{E,\Omega}$ unabhängig ist vom Winkel ϑ, unter dem man die emittierende Fläche sieht. Bei diesem Verhalten erkennt man an der emittierten Strahlung außer dem Umriß keine weiteren Strukturen eines Körpers.

2.2 Kirchhoffsches Strahlungsgesetz für nicht-schwarze Strahler

In einem Hohlraum in Abb.2.6 stehen sich zwei Platten gegenüber, die, gemessen an ihrem Abstand, weit ausgedehnt sind. Die rechte Platte ② ist schwarz wie das Loch eines Hohlraums und absorbiert alle einfallende Strahlung vollständig ($a_2 = 1$). Die linke Platte ① ist wie eine reale Platte; sie reflektiert (entsprechend ihrem Reflexionsgrad r_1), transmittiert (entsprechend ihrem Transmissionsgrad t_1) und absorbiert (entsprechend ihrem Absorptionsgrad a_1) jeweils einen Teil der Strahlung, die auf sie einfällt. Da Reflexion und Transmission von der Photonenenergie abhängen, wollen wir uns auf den Austausch von Photonen mit einer Energie zwischen $\hbar\omega$ und $\hbar\omega + d\hbar\omega$ beschränken,

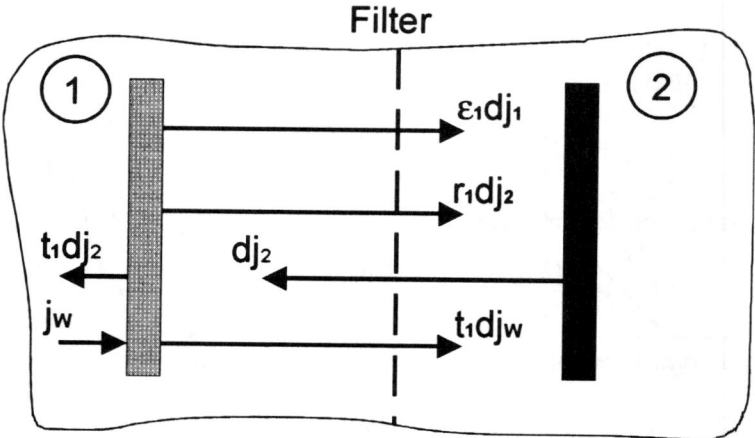

Abb. 2.6 Strahlungsaustausch zwischen zwei weit ausgedehnten Platten, die sich in einem Hohlraum gegenüberstehen.

was wir uns durch ein Filter zwischen den Platten realisiert denken. Der im Energieintervall $d\hbar\omega$ von der schwarzen Platte mit der Temperatur T_2 emittierte Energiestrom mit der Dichte $dj_{E,s}(\hbar\omega, T_2)$ ist durch das Plancksche Strahlungsgesetz festgelegt.
Die auf die Platte ① einfallende Strahlung wird entweder reflektiert, transmittiert oder absorbiert. Also ist

$$r_1(\hbar\omega) + t_1(\hbar\omega) + a_1(\hbar\omega) = 1. \tag{2.27}$$

Die Platte ① emittiert auch Strahlung, und zwar um ihren (noch unbekannten) Emissionsgrad $\varepsilon_1(\hbar\omega)$ anders als ein schwarzer Körper der gleichen Temperatur.
Im stationären Zustand muß jede der beiden Platten genau soviel Energie emittieren, wie sie absorbiert. Wir machen die Bilanz für die schwarze Platte ② :
Der auf die schwarze Platte ② einfallende Energiestrom besteht aus dem, was die Platte ① reflektiert, was die Platte ① bei ihrer Temperatur T_1 emittiert, und was diese von der Strahlung der ebenfalls schwarzen Hohlraumwände mit der Temperatur T_W durchläßt.

$$dj_{E,s}(\hbar\omega, T_2) = r_1(\hbar\omega) \, dj_{E,s}(\hbar\omega, T_2) + \varepsilon_1(\hbar\omega) \, dj_{E,s}(\hbar\omega, T_1) + t_1(\hbar\omega) \, dj_{E,s}(\hbar\omega, T_w) \tag{2.28}$$

Natürlich herrscht im Hohlraum Temperaturgleichgewicht, das durch den Austausch von Strahlung zwischen den Platten nicht gestört werden darf. Wenn der Strahlungsaustausch zu Temperaturdifferenzen führen würde, könnte man zwischen den Platten eine Wärmekraftmaschine laufen lassen, die elektrische Energie produziert und dabei dauernd Wärme in elektrische Energie umwandelt, also Entropie vernichtet, was nach dem 2. Hauptsatz der Thermodynamik verboten ist.

Mit $\qquad T_1 = T_2 = T_W$

ergibt sich aus Gl.(2.28) $\quad r_1(\hbar\omega) + t_1(\hbar\omega) + \varepsilon_1(\hbar\omega) = 1. \tag{2.29}$

Durch Vergleich mit Gl.(2.27) finden wir

$$\varepsilon_1(\hbar\omega) = 1 - r_1(\hbar\omega) - t_1(\hbar\omega) = a_1(\hbar\omega) . \tag{2.30}$$

Der Emissionsgrad $\varepsilon(\hbar\omega)$ eines Körpers bei der Photonenenergie $\hbar\omega$ ist gleich seinem Absorptionsgrad $a(\hbar\omega)$ bei der gleichen Photonenenergie. Diese Beziehung ist das Kirchhoffsche Strahlungsgesetz. Nach ihm ist die von einem nicht-schwarzen Körper im Energieintervall $d\hbar\omega$ in den Raumwinkel $d\Omega$ emittierte Energiestromdichte

$$dj_E(\hbar\omega) = \frac{a(\hbar\omega)d\Omega}{4\pi^3 \hbar^3 c^2} \cdot \frac{(\hbar\omega)^3}{\exp(\hbar\omega/kT)-1} d\hbar\omega . \tag{2.31}$$

Sie wird getragen von der emittierten Photonenstromdichte

$$dj_\gamma(\hbar\omega) = \frac{a(\hbar\omega)d\Omega}{4\pi^3 \hbar^3 c^2} \cdot \frac{(\hbar\omega)^2}{\exp(\hbar\omega/kT)-1} d\hbar\omega . \tag{2.32}$$

Der Absorptionsgrad $a(\hbar\omega)$ hängt mit der Absorptionskonstanten $\alpha(\hbar\omega)$ zusammen. Bei Vernachlässigung von Vielfachreflexion ist die Transmission einer Platte der Dicke d

$$t(\hbar\omega) = [\,1 - r(\hbar\omega)\,] \cdot \exp(-\alpha(\hbar\omega)d). \tag{2.33}$$

Aus $\quad a = 1 - r - t \quad$ ergibt sich der Absorptionsgrad einer Platte der Dicke d

$$a(\hbar\omega) = [1 - r(\hbar\omega)]\{1 - \exp[-\alpha(\hbar\omega)d]\}. \tag{2.34}$$

Bei der später zu behandelnden Absorption der Sonnenstrahlung durch Solarzellen ist zu berücksichtigen, daß diese aus Halbleitern bestehen und deshalb Photonen erst mit Energien größer als eine Grenzenergie $\hbar\omega_G$ absorbieren können. Photonen mit kleinerer Energie, die nicht reflektiert werden, werden durchgelassen. Stellen wir uns noch vor, daß die Reflexion durch eine geeignete Antireflexbeschichtung beseitigt wurde, dann ist in grober Näherung der Absorptionsgrad einer genügend dicken Platte $a(\hbar\omega < \hbar\omega_G) = 0$ und $a(\hbar\omega \geq \hbar\omega_G) = 1$.

Die von einer solchen Halbleiterplatte absorbierte Energiestromdichte ist

$$j_{E,abs} = \frac{d\Omega}{4\pi^3\hbar^3c^2} \int_{\hbar\omega_G}^{\infty} \frac{(\hbar\omega)^3}{\exp(\hbar\omega/kT)-1} d\hbar\omega. \tag{2.35}$$

Mit $\hbar\omega/kT = x$ und $\hbar\omega_G/kT = x_G$ und der Umformung

$$\frac{1}{\exp(x)-1} = \frac{\exp(-x)}{1-\exp(-x)} = \exp(-x)\sum_{n=0}^{\infty}\exp(-nx) = \sum_{n=1}^{\infty}\exp(-nx) \quad \text{für } x > 0$$

wird aus Gl.(2.35)

$$j_{E,abs} = \frac{d\Omega(kT)^4}{4\pi^3\hbar^3c^2} \sum_{n=1}^{\infty} \int_{x_G}^{\infty} x^3 \exp(-nx)dx.$$

Mit partieller Integration findet man schließlich

$$j_{E,abs} = \frac{d\Omega(kT)^4}{4\pi^3\hbar^3c^2} \sum_{n=1}^{\infty} \exp(-nx_G)\left(\frac{x_G^3}{n} + \frac{3x_G^2}{n^2} + \frac{6x_G}{n^3} + \frac{6}{n^4}\right). \tag{2.36}$$

Für $\hbar\omega_G \gg kT$, also $x_G \gg 1$ reichen schon wenige Glieder dieser Reihe für eine genügende Genauigkeit.

Für die absorbierte Photonenstromdichte ergibt sich entsprechend

$$j_{\gamma,abs} = \frac{d\Omega(kT)^3}{4\pi^3\hbar^3c^2} \sum_{n=1}^{\infty} \exp(-nx_G)\left(\frac{x_G^2}{n} + \frac{2x_G}{n^2} + \frac{2}{n^3}\right). \tag{2.37}$$

2.3 Das Sonnenspektrum

Abb.2.7 zeigt die Energiestromdichte pro Photonenenergieintervall als Funktion der Photonenenergie, die von der Sonne auf die Erde trifft, noch vor Eintritt in die Atmosphäre. Sie stimmt ganz gut überein mit dem, was wir aus Gl.(2.31) berechnen, wenn wir annehmen, daß die Sonne schwarz ist und eine Temperatur von $T_S = 5800$ K hat. Für diese Temperatur der Sonnenoberfläche ist $kT_S = 0.5$ eV. Das Sonnenspektrum hat sein Maximum bei $\hbar\omega_{max} = 2.82\ kT_S = 1.41$ eV, also im Infraroten, wie auch Abb.2.7 zeigt. Das ist außerhalb des sichtbaren Bereichs, der von 1.5 eV bis 3 eV reicht. Die mittlere Energie der Photonen von der Sonne ist $<\hbar\omega> = 2.7\ kT_S = 1.35$ eV.

Das Sonnenspektrum

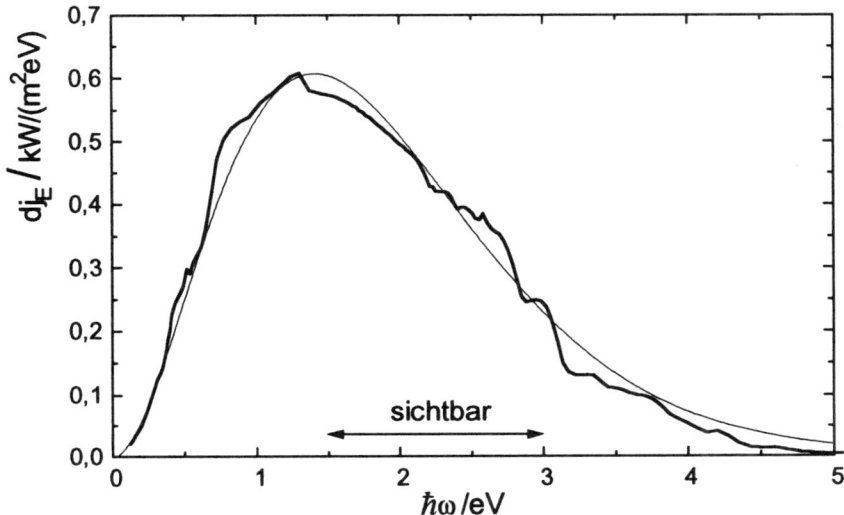

Abb. 2.7 Energiestromdichte von der Sonne pro Photonenenergieintervall außerhalb der Erdatmosphäre (dick) im Vergleich mit einem schwarzen Körper der Temperatur 5800K (dünn)

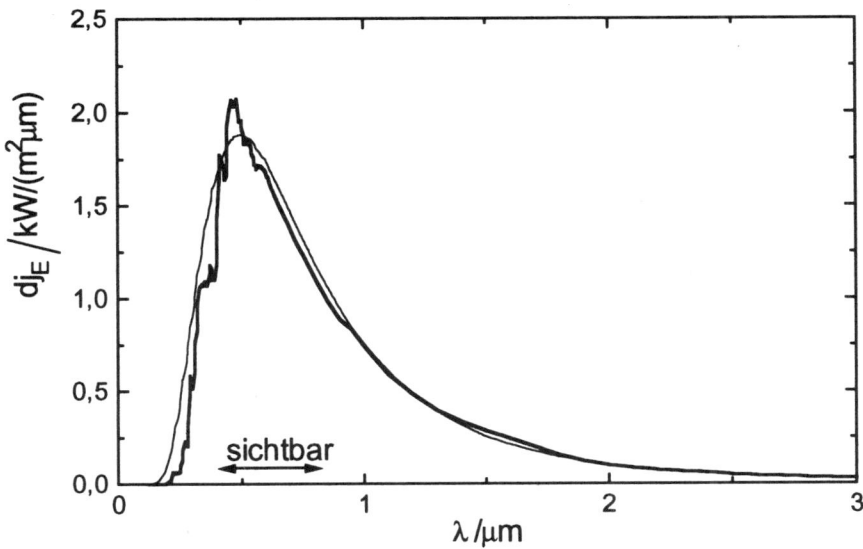

Abb. 2.8 Energiestromdichte von der Sonne pro Wellenlängenintervall außerhalb der Erdatmosphäre (dick) im Vergleich mit einem schwarzem Körper bei 5800K (dünn)

In der häufig zu sehenden Auftragung über der Wellenlänge in Abb.2.8 hat das Sonnenspektrum ein Maximum bei $\lambda_{max} = 0.5$ µm, was einer Photonenenergie von $\hbar\omega = 2.48$ eV entspricht, deutlich verschieden von $\hbar\omega_{max}$ der Auftragung über der Photonenenergie. Der Unterschied liegt daran, daß zwei völlig verschiedene Größen als "Sonnenspektrum" bezeichnet werden. Einmal, wie in Abb.2.7 die Energiestromdichte pro Energieintervall, und einmal, wie in Abb.2.8 die Energiestromdichte pro Wellenlängenintervall. Ein in Abb.2.7 konstantes Energieintervall $d\hbar\omega$ entspricht nach Gl.(2.9) aber nicht einem konstanten Wellenlängenintervall $d\lambda$.

Die Energiestromdichte außerhalb der Atmosphäre, also das Integral über jede der Kurven in Abb.2.7 oder in Abb.2.8, hat einen Wert von

$$j_{E,AM0} = 1353 \text{ W/m}^2. \qquad (2.38)$$

2.3.1 Air Mass

Beim Durchgang durch die Atmosphäre wird die Strahlung der Sonne teilweise absorbiert. Die Absorption rührt fast ausschließlich von Gasen geringer Konzentration her, wie von Wasserdampf H_2O, Kohlendioxid CO_2, Lachgas N_2O, Methan CH_4, Fluorchlorkohlenwasserstoffen und auch von Staub im Infraroten, von Ozon und Sauerstoff im Ultravioletten. Natürlich ist die Absorption um so größer, je länger der Weg durch die Atmosphäre ist, oder je größer die Masse von Luft ist, die durchquert wird. Wenn die Dicke der Atmosphäre l_0 ist, dann ist der Weg l durch die Atmosphäre beim Einfall der Sonne unter dem Winkel α gegen die Senkrechte zur Erdoberfläche

$$l = l_0/\cos\alpha.$$

Das Verhältnis von l/l_0 wird Air-Mass-Zahl genannt. Sie charakterisiert das durch Absorption beeinflußte reale Sonnenspektrum. Das Spektrum außerhalb der Atmosphäre wird mit *AM0*, das auf der Erdoberfläche bei senkrechtem Einfall wird mit *AM1* bezeichnet. Als typisches Spektrum für die gemäßigten Regionen gilt *AM1.5*, was zu einem Einfallswinkel von 48° gegen die Senkrechte gehört.

Da die Sonne bei der Wintersonnenwende am 21. Dezember mittags über 23.5° südlicher Breite senkrecht steht und bei der Sommersonnenwende am 21. Juni über 23.5° nördlicher Breite, variiert der Einfallswinkel α der Sonne mittags z.B. in Karlsruhe, das auf 49° nördlicher Breite liegt, zwischen 49° + 23.5° = 72.5° und 49° - 23.5° = 25.5°. Bei Frühlingsanfang am 21. März und bei Herbstanfang am 21. September, wo die Sonne senkrecht über dem Äquator steht, ist der Einfallswinkel α mittags 49°.

Das Spektrum *AM1.5*, das in Abb.2.9 gezeigt ist, gilt als Standardspektrum für die Messung von Wirkungsgraden von Solarzellen, die terrestrisch, also auf der Erdoberfläche, eingesetzt werden. Das Integral über dieses Spektrum, die Energiestromdichte auf eine Fläche senkrecht zur Sonne bei wolkenlosem Himmel, ist festgelegt auf

$$j_{E,AM1.5} = 1.0 \, kW/m^2.$$

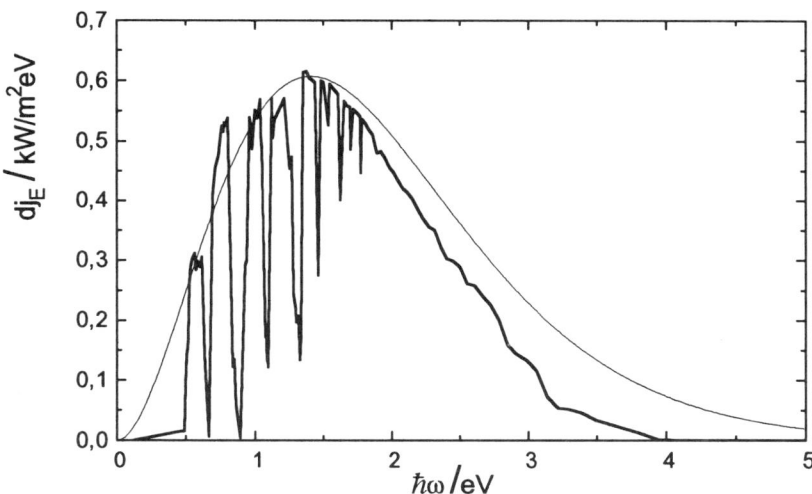

Abb. 2.9 Das *AM1.5* Spektrum (dick) im Vergleich mit einem schwarzen Körper von 5800K (dünn)

Diese Energiestromdichte ist auch für das *AM1.0*-Spektrum nur unwesentlich größer. Die Energiestromdichte variiert von den tropischen zu den gemäßigten Zonen nur wenig. Viel größer sind die Unterschiede in der Energiemenge, die in einem Jahr auf eine horizontale Fläche fällt. In Deutschland sind das rund 1000 kWh/(m²a). Man spricht deshalb auch von 1000 Sonnenstunden pro Jahr (mit 1kW/m²). Das ergibt eine über das Jahr gemittelte Energiestromdichte von 115 W/m², also etwa um einen Faktor 10 weniger als die maximale Energiestromdichte *AM1.5*. Die größte Energiemenge pro Jahr wird in Saudi-Arabien mit etwa 2500 kWh/(m²a) beobachtet, was einer mittleren Energiestromdichte von 285 W/m² entspricht. Der Mittelwert für die ganze Erde liegt bei 230 W/m². Für das *AM0*-Spektrum, also außerhalb der Atmosphäre, ist der Mittelwert für die ganze Erde leicht auszurechnen. Wir müssen nur den die Erde treffenden Energiestrom $I_E = 1353 \cdot \pi R_{Erde}^2 \, W/m^2$ durch die ganze Erdoberfläche dividieren und erhalten die mittlere Energiestromdichte $\langle j_E \rangle = 1/4 \cdot 1353 \, W/m^2 = 338 \, W/m^2$.

2.4 Konzentration der Sonnenstrahlung

Von der Erde aus gesehen hat die Sonne einen Winkeldurchmesser von $\alpha_S = 32'$. Dem entspricht ein Raumwinkel von

$$\Omega_S = 2\pi \int_0^{\alpha_S/2} \sin\vartheta \, d\vartheta = 2\pi \left(1 - \cos\frac{\alpha_S}{2}\right) \qquad (2.39)$$

$$\Omega_S = 6.8 \cdot 10^{-5}.$$

Wegen dieses kleinen Werts des Raumwinkels Ω_S hat die Energiestromdichte auf der Erde einen Wert von 1 kW/m^2. Wenn man zum Erreichen hoher Temperaturen oder, um die Leistung von Solarzellen zu erhöhen, eine größere Energiestromdichte braucht, muß man die fast parallel einfallende Strahlung mit Hilfe von Linsen oder Spiegeln fokussieren. Das verkleinert die beleuchtete Fläche und vergrößert den Raumwinkel, unter dem die Strahlung auf die Empfängerfläche einfällt. Was passiert dabei mit der Energiestromdichte pro Raumwinkel? Dazu machen wir uns eine von Helmholtz und Clausius aus dem Jahre 1864 stammende Überlegung zu nutze.

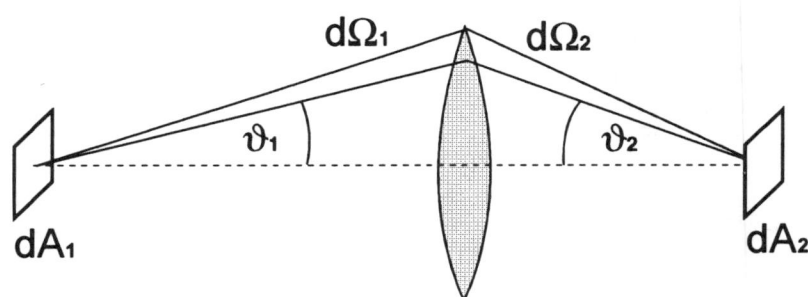

Abb. 2.10 Energiestromdichte beim Durchgang durch ein abbildendes System

Abb.2.10 zeigt zwei Flächenelemente dA_1 und dA_2, die über ein abbildendes System aufeinander abgebildet werden. Wegen der Umkehrbarkeit des Strahlengangs ist dA_2 das Bild von dA_1 und dA_1 das Bild von dA_2. Wir stellen uns beide Flächen als schwarze Strahler vor, die sich, ohne weitere Beleuchtung, die von ihnen emittierte Wärmestrahlung über das abbildende System zustrahlen. Auch hier gilt wieder, daß durch Emission und Absorption das Temperaturgleichgewicht zwischen dA_1 und dA_2 nicht gestört werden darf. Die Fläche dA_2 muß also von der Linse oder dem abbildenden System, dessen Transmissionsgrad $t = 1$ sein soll, genau so viel Strahlung empfangen, wie sie dorthin emittiert.

Im Temperaturgleichgewicht muß die Gleichheit von emittierten und absorbierten Energieströmen nicht nur für jedes Photonenenergieintervall wie in Abschnitt 2.2 gelten, sondern auch für jedes Richtungsintervall, also Raumwinkelelement. Ein solches wird durch ein Flächenelement der Linse, das wir durch eine Blende bestimmen, festgelegt. Das abbildende System (die Linse) verhält sich also bezüglich der Strahlung, die dA_2 trifft, wie ein schwarzer Strahler mit der Temperatur von dA_1, der aber Strahlung selektiv nur in Richtung von dA_2 sendet und sonst nirgends wohin. Wir wissen bereits, daß bei der Ausbreitung der Strahlung im freien Raum die Energiestromdichte pro Raumwinkel unverändert bleibt und deshalb am Ort der Linse in Richtung auf dA_2 genau so groß ist wie am Ort von dA_2 aus der Richtung der Linse und wegen des Temperaturgleichgewichts natürlich genau so groß wie die Energiestromdichte pro Raumwinkel am Ort von dA_1.

Beim Durchgang durch ein abbildendes System, das selbst nichts absorbiert und also auch nichts emittiert, bleibt die Energiestromdichte pro Raumwinkel erhalten.

Die Umkehrbarkeit des Strahlengangs bedeutet thermodynamische Reversibilität. Das wiederum bedeutet, daß beim Durchgang durch ein abbildendes System keine Entropie erzeugt wird. Tatsächlich ist die Erhaltung der Energiestromdichte pro Raumwinkel bei gleichzeitiger Erhaltung der Energie pro Photon identisch mit der Erhaltung der Entropie.

2.4.1 Die Abbésche Sinusbedingung

Der in Abb.2.10 von dA_1 in das Raumwinkelelement $d\Omega_1 = \sin\vartheta_1 d\vartheta_1 d\varphi_1$ in Richtung (ϑ_1, φ_1) emittierte Energiestrom ist

$$dI_{E,1} = j_{E,\Omega}\, dA_1 \cos\vartheta_1 \sin\vartheta_1 d\vartheta_1 d\varphi_1. \qquad (2.40)$$

Dieser Energiestrom trifft auf dA_2 und ist wegen des Temperaturgleichgewichts identisch mit dem von dA_2 in Richtung (ϑ_2, φ_2) in das Raumwinkelelement $d\Omega_2 = \sin\vartheta_2 d\vartheta_2 d\varphi_2$ emittierten Energiestrom

$$dI_{E,1} = dI_{E,2} = j_{E,\Omega}\, dA_2 \cos\vartheta_2 \sin\vartheta_2 d\vartheta_2 d\varphi_2. \qquad (2.41)$$

Den gesamten Energiestrom, der von der Fläche dA_2 absorbiert oder zur Linse emittiert wird, erhalten wir durch Integration über die ganze Linse, oder über die Winkel ϑ_2 von 0 bis v, wenn v der Winkel gegen die optische Achse ist, unter dem der Linsenrand von dA_2 aus erscheint, und über φ_2 von 0 bis 2π

$$I_{E,2} = j_{E,\Omega}\, dA_2\, \pi \sin^2 v \qquad (2.42)$$

Genauso finden wir für den gesamten Energiestrom, der von der Fläche dA_1 zur Linse emittiert oder von dort kommend absorbiert wird

$$I_{E,1} = j_{E,\Omega}\, dA_1\, \pi \sin^2 u\,, \qquad (2.43)$$

wenn u der Winkel ist, unter dem der Linsenrand von dA_1 aus erscheint.
Da die beiden Energieströme wegen des Temperaturgleichgewichts gleich sind, erhalten wir die nach Abbé benannte Sinusbedingung für optische Abbildungen

$$dA_1 \sin^2 u = dA_2 \sin^2 v. \qquad (2.44)$$

Ihr liegt die Erhaltung der Energiestromdichte pro Raumwinkel in abbildenden Systemen zu Grunde. Dieser Erhaltungssatz ist keineswegs eine triviale Erkenntnis. Er widerspricht nämlich den einfachen Abbildungsgesetzen der geometrischen Optik.

Nach der geometrischen Optik erwarten wir für die Abbildung der Sonne in ihr Bild mit der Fläche A_B durch eine Linse mit Radius r_L nach Abb.2.11, daß der Energiestrom, der auf die Linse fällt, auch auf das Bild A_B der Sonne fällt.
Der Energiestrom auf die Linse ist

$$I_E = j_{E,Sonne}\, \pi\, r_L^2,$$

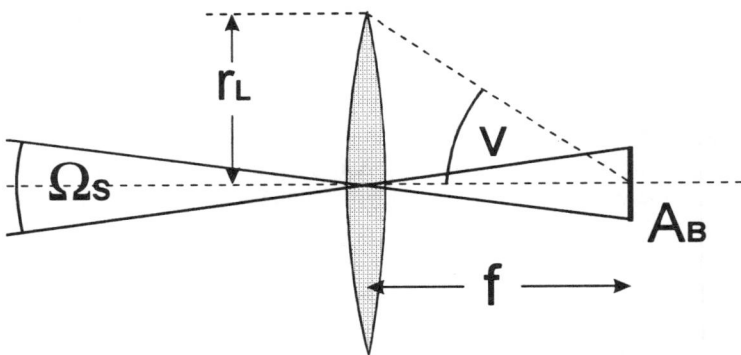

Abb. 2.11 Bild der Sonne mit Fläche A_B in der Brennebene einer Linse mit Radius r_L und Brennweite f

wobei $j_{E,Sonne}$ die Energiestromdichte der Sonnenstrahlung am Ort der Linse ist. Die Energiestromdichte im Bild A_B ist dann

$$j_{E,Bild} = I_E / A_B = j_{E,Sonne}\, \pi r_L^2 / A_B .$$

Der Konzentrationsfaktor C mißt die Vergrößerung der Energiestromdichte und ist damit nach der geometrischen Optik

$$C = \frac{j_{E,Bild}}{j_{E,Sonne}} = \frac{\pi r_L^2}{A_B}.$$

Die Größe des Bildes A_B, das wegen der großen Entfernung der Sonne in der Brennebene entsteht, hängt nicht von der Größe der Linse, sondern nur von ihrer Brennweite f ab. Da der Öffnungswinkel Ω_S eines Strahlenbündels, das auf die Mitte der Linse trifft, beim Durchgang durch die Linse unverändert bleibt, gilt auf der Bildseite $\Omega_S = A_B/f^2$. Drücken wir den Linsenradius mit

$$r_L = f \tan v$$

durch den maximalen Einfallswinkel v aus, dann ergibt sich schließlich

$$C = \frac{\pi}{\Omega_S} \tan^2 v. \tag{2.45}$$

Wie sich schon aus der Voraussetzung, daß der Energiestrom, der auf die Linse trifft, auch auf das Bild der Sonne trifft, ergibt, wird der Konzentrationsfaktor beliebig groß, wenn die Linse beliebig groß gemacht wird.
Als Beispiel stellen wir uns eine Linse vor mit $v > 45°$, also $r_L > f$. Für sie ist $C > \pi/\Omega_S$.
Das Verhältnis $2r_L/f$ wird als Lichtstärke von Linsen oder Objektiven angegeben und zwar als Bruch mit einer 1 im Zähler. 1 : 1.4 oder 1 : 2.0 oder 1 : 2.8 sind typische Werte für Objektive von Photoapparaten. Für das obige Beispiel wäre die Lichtstärke > 1 : 0.5. Von einem solchen Objektiv hat sicher noch niemand gehört, denn es verletzt den 2. Hauptsatz der Thermodynamik. Bei ihm wäre die Energiestromdichte im Bild der Sonne nach Gl.(2.26) und Gl.(2.45)

Konzentration der Sonnenstrahlung

$$j_{E,Bild} = C\, j_{E,Sonne} \quad > \quad \frac{\pi}{\Omega_S} \cdot \frac{\Omega_S}{\pi} \sigma T_{Sonne}^4$$

also
$$j_{E,Bild} > \sigma T_{Sonne}^4$$

und damit größer als auf der Oberfläche der Sonne.

Ein schwarzer Körper im Bild der Sonne, der auf der Rückseite verspiegelt ist und daher nach hinten nichts emittieren kann, müßte unter stationären Bedingungen mit der Energiestromdichte $j_{E,Bild} = \sigma T_{Bild}^4 > \sigma T_{Sonne}^4$ abstrahlen. Seine Temperatur T_{Bild} müßte also höher sein als die der Sonne. Mit dem abgestrahlten Energiestrom $I_{E,Bild}$ ist die Abstrahlung eines Entropiestroms

$$I_{S,Bild} = 4/3\ I_{E,Bild}/T_{Bild}$$

verbunden, der kleiner wäre als der absorbierte Entropiestrom

$$I_{S,abs} = 4/3\ I_{E,Bild}/T_{Sonne}\ .$$

Das wäre nur möglich, wenn im Bild der Sonne dauernd Entropie vernichtet würde, was der 2. Hauptsatz der Thermodynamik verbietet.

Die richtige Bestimmung der Konzentration der Energiestromdichte berücksichtigt die Erhaltung der Energiestromdichte pro Raumwinkel $j_{E,\Omega,Sonne}$. Danach erscheint die Linse vom Bild der Sonne aus gesehen genau so hell wie die Sonne (bitte nicht ausprobieren) und füllt einen Kegel mit dem Öffnungswinkel v. Nach Gl.(2.42) ist die Energiestromdichte im Bild der Sonne

$$j_{E,Bild} = j_{E,\Omega,Sonne}\, \pi \sin^2 v\ .$$

Mit $j_{E,Sonne} = \Omega_S j_{E,\Omega,Sonne}$ wird der Konzentrationsfaktor

$$C = \frac{\pi}{\Omega_S} \sin^2 v\ . \tag{2.46}$$

Es gibt eine maximale Konzentration für $v = 90°$

$$C_{max} = \frac{\pi}{\Omega_S} = 46200\ . \tag{2.47}$$

Der Widerspruch zwischen Gl.(2.45), der die geometrische Optik für eine verzerrungsfreie Abbildung zu Grunde liegt, und Gl.(2.46), die auf der Thermodynamik und der Unmöglichkeit der Vernichtung der Entropie beruht, ist lösbar für abbildende Systeme mit gekrümmten Haupt-"ebenen". Die maximal mögliche Lichtstärke von 1 : 0.5 verlangt eine bildseitige Hauptebene, die halbkugelförmig um den Brennpunkt gekrümmt ist, was allerdings nicht völlig erreichbar ist.

Die maximale Konzentration ist noch auf andere Weisen möglich. Sie stellt ja sicher, daß ein absorbierender Körper Sonnentemperatur erreicht, er sich also mit der Sonne im Strahlungsgleichgewicht befindet. Nehmen wir einmal an, der Absorber habe bereits Sonnentemperatur. Die würde er behalten, wenn er in einem Hohlraum wäre, dessen Wände Sonnentemperatur haben, so, als würde er nur die Sonne sehen. Er würde die

Sonnentemperatur auch behalten, wenn er sich in einem Spiegelkasten mit perfekt spiegelnden Wänden befände, wenn er sich also nur selbst sehen würde. Schließlich würde er die Sonnentemperatur behalten, wenn die Sonne einen Teil der spiegelnden Wände ersetzen würde, wenn er also nur die Sonne oder sich selbst sähe. Eine solche Anordnung, in der ein Körper mit der Sonne im Strahlungsgleichgewicht ist, zeigt Abb.2.12. Die in der Wand eines verspiegelten Hohlraums eingesetzte Linse erzeugt ein Bild der Sonne, das wenigstens so groß ist wie die Querschnittsfläche des Absorbers. Da dieser dann nur die Sonne oder sich selbst sieht, würde er Sonnentemperatur erreichen, wenn es perfekte Spiegel gäbe. Das Konstruktionsprinzip von Konzentratoren kann nach dieser Überlegung einfach definiert werden. Der Konzentrator ist um so besser, je mehr er von der emittierten Wärmestrahlung des Absorbers auf die Sonne lenkt.

Die ideale Anordnung in Abb.2.12 erlaubt uns, den maximalen Wirkungsgrad zu bestimmen, mit dem Sonnenenergie in elektrische Energie umgewandelt werden kann.

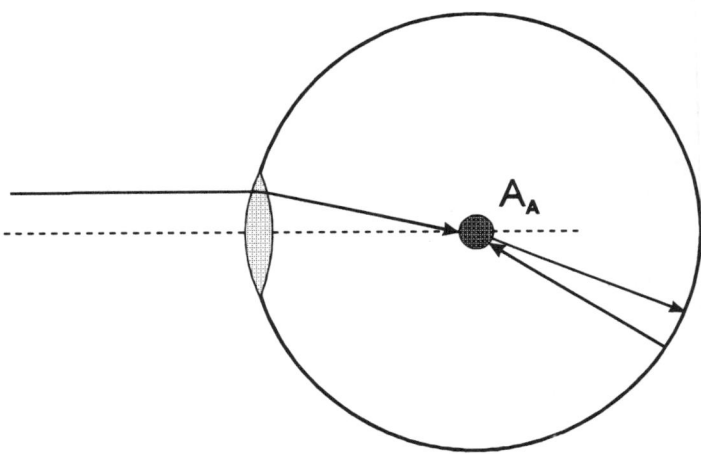

Abb. 2.12 Ein Absorber in einem verspiegelten Hohlraum, auf den mit einer Linse die Sonne abgebildet wird

2.5 Maximaler Wirkungsgrad

Um die eingestrahlte Sonnenenergie in der Anordnung der Abb.2.12 nutzen zu können, müssen wir dem Absorber über eine Leitung Wärme entnehmen, aus der mit einer idealen Wärmekraftmaschine, einer Carnot-Maschine, die größt-mögliche Menge an elektrischer Energie gewonnen wird. Wegen der Energieentnahme ist die Temperatur des Absorbers T_A jetzt kleiner als die Sonnentemperatur T_S.

Maximaler Wirkungsgrad

Der dem Absorber mit der Querschnittsfläche A_A entnehmbare und nutzbare Energiestrom $I_{E,ntuz}$ ist die Differenz aus dem absorbierten Energiestrom $I_{E,abs}$ und dem durch die Linse zur Sonne emittierten Energiestrom $I_{E,emit}$, die beide den gleichen Raumwinkel Ω_L füllen, unter dem vom Absorber aus die Linse erscheint.

$$I_{E,nutz} = I_{E,abs} - I_{E,emit} = \frac{\Omega_L}{\pi} \sigma \left(T_S^4 - T_A^4 \right) \cdot A_A.$$

Wir können für die Gewinnung von $I_{E,nutz}$ einen Wirkungsgrad definieren

$$\eta_{nutz} = \frac{I_{E,nutz}}{I_{E,abs}} = 1 - \frac{I_{E,emit}}{I_{E,abs}} = 1 - \frac{T_A^4}{T_S^4}.$$

Für einen großen Nutzwirkungsgrad η_{nutz} muß die Absorbertemperatur T_A möglichst klein sein.

Zusammen mit dem Wärmeenergiestrom $I_{E,nutz}$ der Temperatur T_A wird auch der Entropiestrom $I_S = I_{E,nutz}/T_A$ von der Wärmekraftmaschine aufgenommen. Entropie kann nach dem 2.Hauptsatz nicht vernichtet, wohl aber erzeugt werden. In einer idealen Carnot-Maschine bleibt sie gerade erhalten. Der von der Maschine aufgenommene Entropiestrom muß also wieder abgegeben werden. Geschieht das bei der Temperatur T_0, dann wird dabei der Wärmeenergiestrom $T_0 I_S$ abgegeben. Die Differenz von aufgenommenem und abgegebenem Wärmeenergiestrom liefert die Carnot-Maschine als Entropie-freien Energiestrom, z.B. in Form elektrischer Energie $I_{E,el}$.

$$I_{E,el} = I_{E,nutz} - T_0 I_S = T_A I_S - T_0 I_S.$$

Der Wirkungsgrad dafür ist

$$\eta_C = \frac{I_{E,el}}{I_{E,nutz}} = \frac{T_A I_S - T_0 I_S}{T_A I_S} = 1 - \frac{T_0}{T_A}. \tag{2.48}$$

Dieser Wirkungsgrad einer idealen Wärmekraftmaschine heißt nach seinem Entdecker Carnot-Wirkungsgrad. Für einen großen Carnot-Wirkungsgrad muß die Absorbertemperatur T_A möglichst groß sein.

Der Gesamtwirkungsgrad η_{max} für die Umwandlung von Sonnenenergie in elektrische Energie ist

$$\eta_{max} = \frac{I_{E,el}}{I_{E,abs}} = \frac{I_{E,el}}{I_{E,nutz}} \cdot \frac{I_{E,nutz}}{I_{E,abs}} = \eta_{nutz} \cdot \eta_C.$$

$$\eta_{max} = \left(1 - \frac{T_A^4}{T_S^4}\right) \cdot \left(1 - \frac{T_0}{T_A}\right). \tag{2.49}$$

Abb.2.13 zeigt η_{max} als Funktion von T_A für $T_S = 5800$ K und $T_0 = 300$ K. Der Gesamtwirkungsgrad hat einen Maximalwert von 0.85 bei einer Absorbertemperatur von $T_A = 2478$ K. Dieser große Wert des Wirkungsgrads zeigt, daß die Sonnenenergie wegen der hohen Temperatur der Sonne eine sehr hochwertige Energie ist.

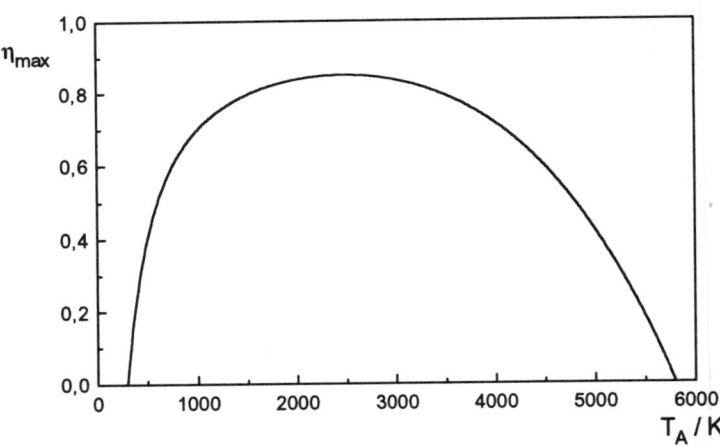

Abb. 2.13 Wirkungsgrad η_{max} der solar-thermischen Energiekonversion als Funktion der Absorbertemperatur T_A

Da die Wärmestrahlung der Sonne mit der Temperatur T_S = 5800 K von dem Absorber bei einer niedrigeren Temperatur T_A absorbiert wird, wird bei diesem Prozeß Entropie erzeugt. Wir nehmen das in Kauf, weil wir einen möglichst großen elektrischen Energiestrom entnehmen wollen, und die zur Sonne zurückgestrahlte Wärme für uns verloren ist.

Man kann sich fragen, wie groß der Wirkungsgrad wäre, wenn es möglich wäre, die Wärmestrahlung der Sonne von einem schwarzen Körper der Temperatur $T_A < T_S$ zu absorbieren, ohne daß dabei Entropie erzeugt wird. Dieser Wirkungsgrad wird Lands-

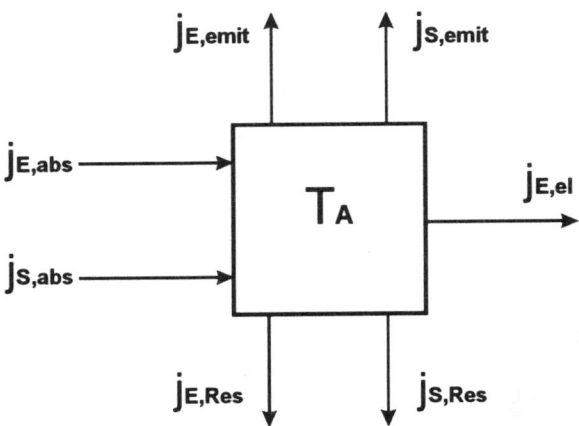

Abb. 2.14 Bilanz der Energie- und Entropieströme einer reversibel arbeitenden Maschine

berg-Wirkungsgrad genannt. Die mit der Strahlung der Sonne aufgenommene Entropie wird auf zwei Wegen abgegeben. Ein Teil mittels der emittierten Wärmestrahlung der Temperatur T_A, der Rest an ein Wärmereservoir der Umgebungstemperatur T_0.
Die Skizze in Abb.2.6 zeigt alle Entropie- und Energieströme, über die zu bilanzieren ist. Mit der Voraussetzung, daß die absorbierende Maschine nur die Sonne sieht, hat der absorbierte Energiestrom die Dichte

$$j_{E,abs} = \sigma T_S^4 .$$

Die Dichte des absorbierten Entropiestroms ist für schwarze Strahlung (ohne Herleitung)

$$j_{S,abs} = 4/3 \frac{j_{E,abs}}{T_S} = 4/3 \sigma T_S^3 .$$

Der mit der Wärmestrahlung der Temperatur T_A zur Sonne emittierte Energiestrom ist

$$j_{E,emit} = \sigma T_A^4$$

und der emittierte Entropiestrom ist

$$j_{S,emit} = 4/3 \sigma T_A^3 .$$

Um alle absorbierte Entropie abzuführen, wird zusätzlich der Entropiestrom $j_{S,Res}$ an das Reservoir abgegeben. Damit wird der Energiestrom

$$j_{E,Res} = T_0 \cdot j_{S,Res}$$

transportiert.
Die Bedingung der Reversibilität, also der Entropieerhaltung, lautet

$$j_{S,abs} = j_{S,emit} + j_{S,Res} .$$

Daraus ergibt sich

$$j_{S,Res} = 4/3 \sigma \left(T_S^3 - T_A^3\right)$$

und

$$j_{E,Res} = 4/3 \sigma T_0 \left(T_S^3 - T_A^3\right) .$$

Der Entropie-freie nutzbare Energiestrom $j_{E,el}$ ist

$$j_{E,el} = j_{E,abs} - j_{E,emit} - j_{E,Res} .$$

Der Landsberg-Wirkungsgrad ist also

$$\eta_L = \frac{j_{E,el}}{j_{E,abs}} = 1 - \frac{\sigma T_A^4 + 4/3 \sigma T_0 \left(T_S^3 - T_A^3\right)}{\sigma T_S^4}$$

$$\eta_L = 1 - \frac{T_A^4}{T_S^4} - 4/3 \frac{T_0}{T_S}\left(1 - \frac{T_A^3}{T_S^3}\right) .$$

Abb.2.15 zeigt η_L im Vergleich mit η_{max}. η_L ist um so größer, je kleiner T_A ist.

Es ist jedoch sehr fraglich, ob die reversible Absorption von Strahlung der Temperatur T_S durch einen schwarzen Körper bei einer Temperatur $T_A < T_S$ von der Natur zugelassen ist.

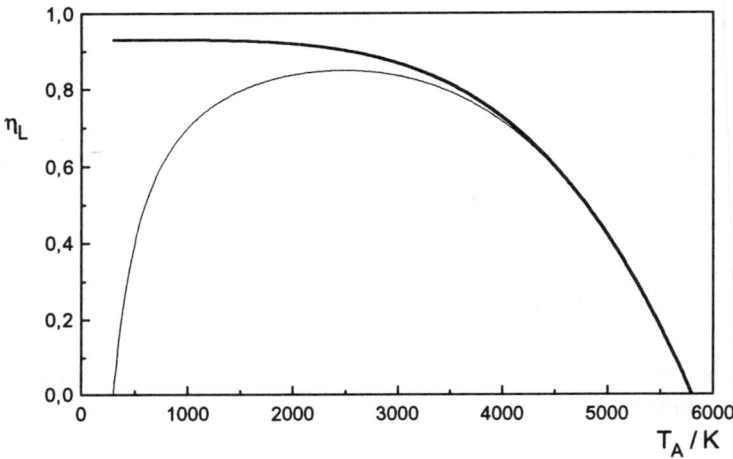

Abb. 2.15 Landsberg-Wirkungsgrad η_L (dick) als Funktion der Absorbertemperatur T_A im Vergleich mit dem Wirkungsgrad η_{max} (dünn) einer solar-thermischen Maschine

3 Halbleiter

Die Wärmeenergie, die der Absorber in Abb.2.12 als Nutzenergie liefert, steckt fast vollständig in der Energie der ungeordneten Schwingungen der Atome um ihre Ruhelagen in einem Festkörper. Die Schwingungsenergien sind wie bei den elektromagnetischen Eigenschwingungen des Hohlraums gequantelt. Für den Hohlraum sind die Schwingungsquanten die Photonen, für die Atomschwingungen im Festkörper heißen die Schwingungsquanten Phononen. Die Phononenenergien ε_Γ liegen zwischen 0 eV und 0.05 eV. Phononen können nur in Ausnahmefällen direkt durch Absorption von Photonen angeregt werden. Die Absorption von Photonen vollzieht sich durch Anregung von Elektronen in Zustände höherer Energie. Damit Photonen beliebiger Energie absorbiert werden können, der absorbierende Körper also schwarz ist, muß den Elektronen ein durchgehender, nicht unterbrochener Bereich von Anregungsenergien zur Verfügung stehen. Das ist bei den Metallen der Fall. Dem idealen schwarzen Körper kommt man tatsächlich mit Metallen, deren Reflexion durch Aufrauhen der Oberfläche beseitigt wird, am nächsten. Wegen des nicht unterbrochenen Energiebereichs können die Elektronen die bei der Absorption eines Photons in einem Schritt aufgenommene Energie leicht in kleinen Portionen zur Anregung der Phononen wieder abgeben. Obwohl dazu viele Schritte nötig sind, passiert das typisch in Zeiten von 10^{-12} s. Weil die Anregungsenergie in Metallen nur so kurz im Elektronengas steckt, hat ihre direkte Nutzung, etwa durch Emission der angeregten Elektronen aus dem Metall heraus, die in Photomultipliern zum Nachweis einzelner Photonen genutzt wird, einen schlechten Wirkungsgrad.

Abb.3.1 zeigt schematisch die Absorption eines Photons durch ein Elektron in einem Metall und dessen anschließende Energieabgabe an Phononen.

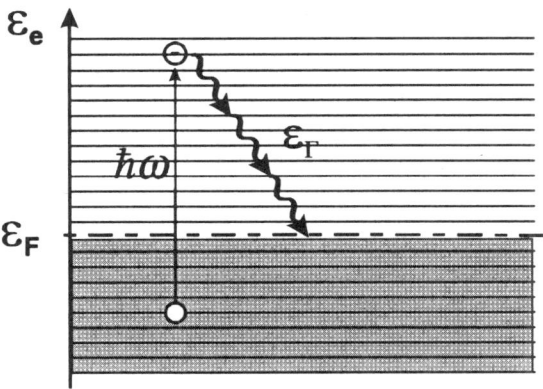

Abb. 3.1 Anregung eines Elektrons im Leitungsband eines Metalls durch Absorption eines Photons mit der Energie $\hbar\omega$

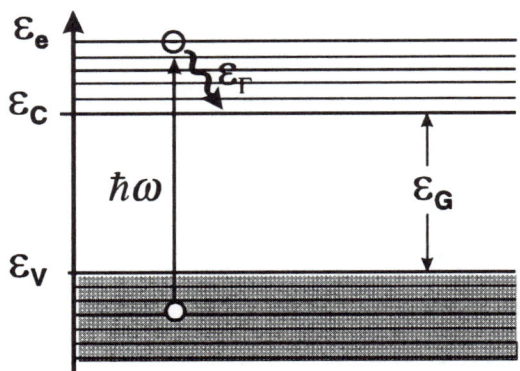

Abb. 3.2 Anregung eines Elektrons vom Valenzband ins Leitungsband eines Halbleiters durch Absorption eines Photons mit der Energie $\hbar\omega$

Das ist anders bei sogenannten Halbleitern. Das sind Materialien, in denen der Bereich der Anregungsenergien der Elektronen unterbrochen ist durch eine Energielücke der Breite ε_G. Abb.3.2 zeigt das schematisch. Der Energiebereich unterhalb der Lücke, das Valenzband, ist mit Elektronen nahezu voll besetzt. Der Energiebereich oberhalb der Lücke, das Leitungsband, ist nahezu leer. Um ein Elektron durch Absorption eines Photons anregen zu können, muß das Photon mindestens die Energie $\hbar\omega = \varepsilon_G$ haben. Photonen mit kleinerer Energie können keine Elektronen anregen. Sie werden nicht absorbiert, für sie ist der Halbleiter transparent.

Die Energielücke des Halbleiters hat zur Folge, daß Elektronen des Leitungsbands zwar die Energiedifferenz bis zur Unterkante des Leitungsbands schnell an Phononen abgeben, die Energie zur Rückkehr ins Valenzband aber nur schwer wieder loswerden. Sie müssen nämlich die Lückenenergie ε_G wegen der fehlenden Zustände in der Lücke in einem Schritt abgeben. Diese Energie ist für die Phononen aber viel zu groß. Die Elektronen "leben" deswegen im Leitungsband bis zu 10^{-3} s. In dieser im Vergleich zu Metallen sehr langen Zeit gelingen die Prozesse der Umwandlung der Elektronenenergie in elektrische Energie.

3.1 Elektronendichte im Halbleiter

Wie schon bei den Photonen im Hohlraum setzt sich die Dichte der Elektronen dn_e mit der Energie ε_e im Energieintervall $d\varepsilon_e$ zusammen aus der Dichte der Zustände $D_e(\varepsilon_e)$ und einer Verteilungsfunktion $f_e(\varepsilon_e)$, die die Verteilung der Elektronen auf die Zustände regelt.

$$dn_e(\varepsilon_e) = D_e(\varepsilon_e) f_e(\varepsilon_e) d\varepsilon_e. \tag{3.1}$$

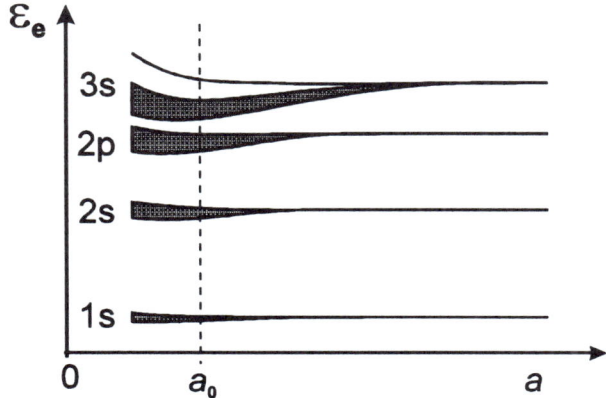

Abb. 3.3 Energie der Elektronenzustände von Natrium als Funktion des Abstands a der Natriumatome. a_0 ist ihr Abstand im festen Natrium.

3.1.1 Zustandsdichte $D_e(\varepsilon_e)$ für Elektronen

In isolierten Atomen haben die Elektronen scharfe Energiewerte, die auf der Energieskala durch große Lücken getrennt sind. Durch Verringern des Abstands der Atome bis herunter zu wenigen Å im Festkörper spalten die vorher identischen Energiewerte auf in so viel verschiedene, wie der Festkörper Atome enthält. Dadurch werden aus den vorher diskreten Energiewerten Energiebereiche, in denen die Energiewerte so dicht liegen, daß sie lückenlos erscheinen. Diese Bereiche von möglichen Elektronenenergien heißen Bänder. Sie sind umso breiter, je stärker die Wechselwirkung der Elektronen benachbarter Atome ist, je weiter also die Elektronen vom Atomkern entfernt sind. Da diese Elektronen die größten Energien haben, nimmt die Breite der Bänder mit wachsender Energie zu. Entsprechend nehmen die Lücken zwischen den Bändern ab, bis sie ab einer bestimmten Energie ganz verschwinden, und die Bänder bei noch größeren Energien einander überlappen. Abb.3.3 zeigt dieses Verhalten für Natrium-Atome.

Natrium ist chemisch einwertig, entsprechend ist nur einer der zwei 3s-Zustände mit einem Elektron besetzt. Das aus den 3s-Zuständen im festen Natrium gebildete Band ist daher auch nur zur Hälfte mit Elektronen gefüllt. Diesen "Valenz"-Elektronen stehen also viele unbesetzte Zustände in dem lückenlosen Energiebereich des 3s-Bandes zur Verfügung. Es ist deswegen möglich, allen Valenzelektronen die für einen elektrischen Strom nötige Zusatzgeschwindigkeit und die damit verbundene Zusatzenergie zu geben. Ein teilweise besetztes Band ist die Voraussetzung für die metallische Leitfähigkeit. Das teilweise besetzte Band heißt Leitungsband. Umgekehrt sind reine Halbleiter und Isolatoren deswegen Nichtleiter, weil (zumindest bei $T = 0$ K) das oberste mit Elektronen besetzte Band vollständig besetzt ist. Es heißt Valenzband. Das durch die Energielücke ε_G getrennte, nächste, höher gelegene Band ist das Leitungsband, das (zumindest bei $T = 0$ K) unbesetzt ist.

Zur Bestimmung der Zustandsdichte gehen wir genau so vor wie bei den Photonen. Wir bestimmen zuerst mit Hilfe der Unbestimmtheitsrelation die Dichte der Zustände im Impulsraum und rechnen sie dann mit dem Energie-Impuls Zusammenhang von Elektronen auf die Dichte der Zustände pro Energieintervall um, weil die Verteilungsfunktion nur von der Energie abhängt..

Wie bei den Photonen unterscheiden sich zwei Zustände in Ort und Impuls der Elektronen um mindestens soviel, wie die Unbestimmtheitsrelation vorschreibt

$$(\Delta x)^3 \cdot (\Delta p)^3 = h^3.$$

Sehen wir die Elektronen als nicht lokalisiert an, dann ist ihre Ortsunbestimmtheit $(\Delta x)^3 = V$, wenn V das Volumen des ganzen Kristalls ist. Ein Zustand hat dann im Impulsraum das Volumen

$$(\Delta p)^3 = \frac{h^3}{V}.$$

Alle Zustände mit Impulsen $|p'| \leq |p|$ füllen im Impulsraum eine Kugel mit dem Volumen $4/3\,\pi |p|^3$. Die Zahl N der Zustände finden wir, indem wir dieses Volumen durch das Impulsraumvolumen eines Zustands dividieren

$$N(|p|) = \frac{4\pi |p|^3 V}{3h^3}. \tag{3.2}$$

Wie bei den Photonen gelten diese Impuls-Zustände für je zwei Elektronen mit entgegengesetztem Spin. Die Zahl der den Elektronen mit Impulsen $|p'| \leq |p|$ zur Verfügung stehenden Zustände ist daher

$$N_e(|p|) = \frac{8\pi |p|^3 V}{3h^3}. \tag{3.3}$$

Für die Bestimmung der Zustandsdichte als Funktion der Energie der Elektronen brauchen wir noch den Zusammenhang zwischen Impuls und Energie. Wir nehmen den für freie Elektronen, und berücksichtigen ihre Bindung im Festkörper durch 2 Änderungen

1. Kinetische Energie $\varepsilon_{e,kin}$ der Elektronen gibt es nur in den Bändern. Für die Elektronen im Leitungsband zählt sie von dessen Unterrand ε_C.
2. Weitere Unterschiede zwischen den Elektronen im Leitungsband und freien Elektronen im Vakuum werden in die Masse m_e^* gesteckt, die deswegen mit einem Stern versehen wird und effektive Masse heißt.

$$\varepsilon_{e,kin} = \varepsilon_e - \varepsilon_C = \frac{p^2}{2m_e^*}. \tag{3.4}$$

Setzen wir p aus Gl.(3.4) in Gl.(3.3) ein mit der Annahme, daß die effektive Masse nicht von der Energie abhängt, bekommen wir die Zahl der Zustände zwischen ε_e und ε_C

Elektronendichte im Halbleiter

$$N_e(\varepsilon_e) = \frac{8\pi V (2m_e^*)^{3/2}}{3h^3} (\varepsilon_e - \varepsilon_C)^{3/2}. \tag{3.5}$$

Die Zustandsdichte D_e im Leitungsband, als die Zahl der Elektronenzustände pro Volumen und pro Energieintervall bei der Energie ε_e, erhalten wir durch Differenzieren von Gl.(3.5).

$$D_e(\varepsilon_e) = \frac{1}{V} \frac{dN_e}{d\varepsilon_e} = 4\pi \left(\frac{2m_e^*}{h^2}\right)^{3/2} (\varepsilon_e - \varepsilon_C)^{1/2} \tag{3.6}$$

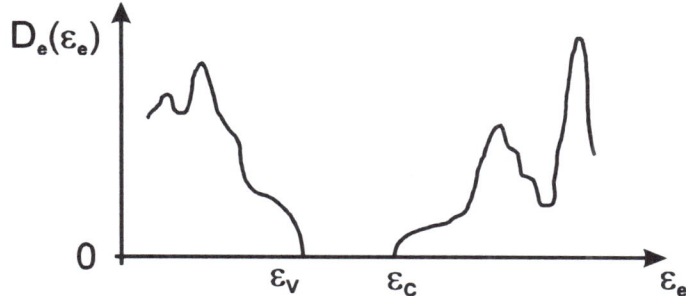

Abb. 3.4 Zustandsdichte für Elektronen im Leitungs- und Valenzband des Halbleiters Germanium

Abb.3.4 zeigt die Zustandsdichte von Leitungs- und Valenzband für Germanium. Für das Folgende ist davon nur wichtig, daß sich jeweils am Unterrand und am Oberrand eines Bandes die Zustandsdichten als Funktion der Energie ε_e mit Gl.(3.6) beschreiben lassen, wenn nur m_e^* entsprechend gewählt wird. Für den Oberrand z.B. des Valenzbandes darf uns auch nicht erschrecken, daß $m_e^* < 0$ gewählt werden muß. Die Behandlung der Elektronen im Feld der Atomrümpfe ($\approx 10^{10}$ V/m) als quasi-freie Teilchen liefert noch andere merkwürdige Eigenschaften. Wir erwarten eigentlich den in Abb.3.5 gezeigten Zusammenhang von Energie und Impuls für Elektronen im Leitungsband

$$\varepsilon_e - \varepsilon_C = \frac{p_e^2}{2m_e^*} \tag{3.7}$$

und gewinnen durch Anpassung an den tatsächlichen Energie-Impuls-Zusammenhang die effektive Masse der Elektronen

$$\frac{1}{m_e^*} = \frac{d^2 \varepsilon_e}{dp_e^2}.$$

Am Oberrand des Valenzbandes ergibt sich mit $\varepsilon_e - \varepsilon_V < 0$ aus Gl.(3.7) und aus $\dfrac{d^2\varepsilon_e}{dp_e^2} < 0$ eine negative effektive Masse der Elektronen.

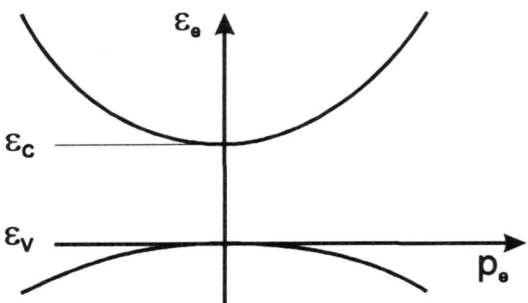

Abb. 3.5 Energie der Elektronen eines direkten Halbleiters als Funktion ihres Impulses. Das Minimum des Leitungsbands und das Maximum des Valenzbands liegen beim selben Impuls

Für den $\varepsilon_e(p_e)$-Zusammenhang in Abb.3.5 ist die Anregung mit der kleinsten Energie $\varepsilon_C - \varepsilon_V = \varepsilon_G$ ohne Impulsänderung möglich. Diese Anregung nennt man einen direkten Übergang, und Halbleiter mit dieser Bandstruktur heißen direkte Halbleiter. Ein Beispiel für einen direkten Halbleiter ist GaAs (Galliumarsenid).
Abb.3.6 zeigt die Bandstruktur eines indirekten Halbleiters, die wir mit der Vorstellung freier Teilchen nicht erwarten. Hier haben die Elektronen im Leitungsband bei einem von Null verschiedenen Impuls die kleinste Energie ε_C, und es gilt

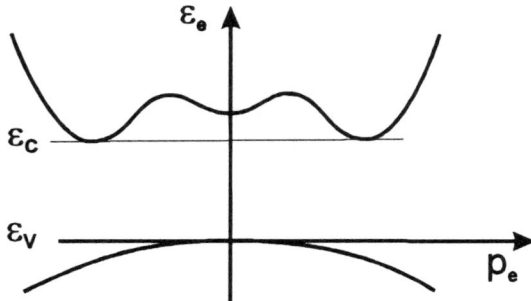

Abb. 3.6 Energie der Elektronen als Funktion ihres Impulses in einem indirekten Halbleiter, bei dem das Minimum des Leitungsbands und das Maximum des Valenzbands bei verschiedenen Impulswerten liegen

$$\varepsilon_e - \varepsilon_C = \frac{(p_e - p_{e,0})^2}{2m_e^*}. \qquad (3.8)$$

Eine Anregung vom Maximum des Valenzbandes zum Minimum des Leitungsbandes ist nur mit Änderung des Impulses möglich; einen solchen Übergang nennt man indirekt.

Da im stromlosen Zustand der Gesamtimpuls der Elektronen verschwindet, muß die Bandstruktur, der $\varepsilon_e(p_e)$-Zusammenhang, symmetrisch zur Energieachse bei $p_e = 0$ sein. Insbesondere muß es immer eine geradzahlige Anzahl von Minima des Leitungsbandes geben, wenn diese bei $p_e \neq 0$ liegen. Beispiele für wichtige indirekte Halbleiter sind Ge (Germanium) und Si (Silizium).

3.1.2 Verteilungsfunktion für Elektronen

Die Verteilung der Elektronen auf die Zustände muß zwei Bedingungen erfüllen:

1. Nach dem Pauli-Prinzip können Zustände für Teilchen mit halbzahligem (d.h. nicht-ganzzahligem) Spin nur einfach besetzt werden. Das gilt für Elektronen mit einem Spin von $\hbar/2$ im Gegensatz zu den Photonen mit einem Spin von $\hbar$.
2. Die Besetzung der Zustände hängt nur von der Energie ab und nicht z.B. vom Impuls.
3. Die Besetzung der Zustände erfolgt so, daß dadurch die Freie Energie $F = E - TS$ minimal wird.

Würde die Verteilung der Elektronen auf die Zustände so erfolgen, daß dadurch die Energie E minimal wird, dann bliebe bei allen Temperaturen T das Valenzband vollständig besetzt und das Leitungsband leer. In diesem Zustand wäre die Entropie S der Elektronen Null, da es nur eine Möglichkeit gibt, ein volles Valenzband und ein leeres Leitungsband zu schaffen. Setzt man einige Elektronen vom Valenzband ins Leitungsband, dann nimmt dadurch zwar die Energie zu, noch stärker aber die Entropie, da es jetzt viele Möglichkeiten gibt, aus welchen Zuständen des Valenzbands diese Elektronen weggenommen und in welche Zustände des Leitungsbands sie gesteckt werden. Die „Wärme" TS nimmt zu und die Freie Energie F nimmt ab. Ist bereits eine bestimmte Menge Elektronen im Leitungsband, ist der Zuwachs der Entropie bei einem weiteren Elektronenübergang geringer. Der Zuwachs von TS wiegt gerade den Zuwachs der Energie E auf, wenn die Freie Energie F ihren Minimalwert erreicht.

Die Verteilungsfunktion, die alle diese Bedingungen erfüllt, ist die Fermi-Verteilung

$$f_e(\varepsilon_e) = \frac{1}{\exp\left(\frac{\varepsilon_e - \varepsilon_F}{kT}\right) + 1}. \qquad (3.9)$$

Sie enthält die Fermi-Energie ε_F als charakteristische Energie. Abb.3.7 zeigt die Fermi-Verteilungsfunktion. Für Zustände mit $\varepsilon_e \ll \varepsilon_F$ ist $f(\varepsilon_e) \approx 1$, sie sind vollständig besetzt.

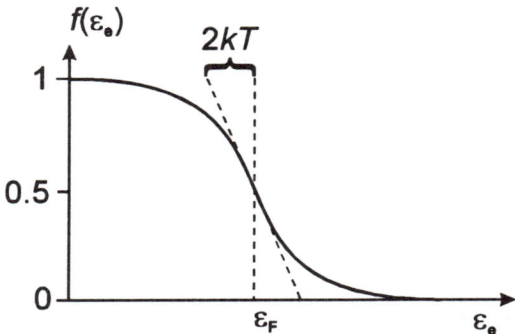

Abb. 3.7 Die Fermi-Verteilung $f(\varepsilon_e)$ gibt an, mit welcher Wahrscheinlichkeit ein Zustand der Energie ε_e mit einem Elektron besetzt ist.

Umgekehrt ist $f(\varepsilon_e \gg \varepsilon_F) \approx 0$, Zustände mit $\varepsilon_e \gg \varepsilon_F$ sind unbesetzt. Zustände mit $\varepsilon_e = \varepsilon_F$ sind zur Hälfte besetzt.
Die Dichte der Elektronen im Energieintervall ε_e, $\varepsilon_e + d\varepsilon_e$ ist

$$dn_e(\varepsilon_e) = D_e(\varepsilon_e) f_e(\varepsilon_e)\, d\varepsilon_e. \tag{3.10}$$

Die Integration über das Leitungsband ergibt die Dichte der freien Elektronen im Leitungsband oder einfach die Dichte der Elektronen. Von jetzt ab wollen wir unter Elektronen nur noch die Elektronen im Leitungsband verstehen.

$$n_e = \int_{\varepsilon_C}^{\infty} D_e(\varepsilon_e) f_e(\varepsilon_e)\, d\varepsilon_e. \tag{3.11}$$

Für die Integration können wir ruhig die Zustandsdichte aus Gl.(3.6), die für den Unterrand des Leitungsbands gilt, für das ganze Band (und darüber hinaus $\to \infty$) verwenden, weil der exponentielle Abfall von $f_e(\varepsilon_e)$ für einen bei großen ε_e verschwindend kleinen Integranden sorgt. Als Ergebnis der Integration erhalten wir für $\varepsilon_F < \varepsilon_C - 3kT$, was uns erlaubt, die 1 im Nenner der Fermi-Verteilung wegzulassen,

$$n_e = N_C \exp\left(-\frac{\varepsilon_C - \varepsilon_F}{kT}\right). \tag{3.12}$$

$$N_C = 2\left(\frac{2\pi m_e^* kT}{h^2}\right)^{3/2} \tag{3.13}$$

ist die sogenannte effektive Zustandsdichte des Leitungsbands. Für $m_e^* = m_e$ hat sie den Wert

$$N_C = 2 \cdot 10^{19}\ \text{cm}^{-3}. \tag{3.14}$$

Die bei der Integration gemachte Vereinfachung ist erfüllt für $n_e \ll N_C$.

Da ein voll besetztes Valenzband keinen Ladungstransport zuläßt, kommt es auf die wenigen unbesetzten Zustände an, die man Löcher nennt. Ihre Dichte ist in der gleichen Näherung wie bei den Elektronen

$$n_h = \int_{-\infty}^{\varepsilon_V} D_e(\varepsilon_e)\left[1 - f_e(\varepsilon_e)\right] d\varepsilon_e = N_V \exp\left(-\frac{\varepsilon_F - \varepsilon_V}{kT}\right) \tag{3.15}$$

mit $N_V = 2\left(\dfrac{2\pi m_h^* kT}{h^2}\right)^{3/2}$, der effektiven Zustandsdichte des Valenzbands.

Der Index h der Löcherdichte n_h kommt vom englischen Wort hole.

Bevor wir uns mit den Eigenschaften der Löcher näher befassen, finden wir noch eine wichtige Relation

$$\begin{aligned} n_e \cdot n_h &= N_C \exp\left(-\frac{\varepsilon_C - \varepsilon_F}{kT}\right) \cdot N_V \exp\left(\frac{\varepsilon_V - \varepsilon_F}{kT}\right) \\ &= N_C N_V \exp\left(-\frac{\varepsilon_C - \varepsilon_V}{kT}\right) = N_C N_V \exp\left(-\frac{\varepsilon_G}{kT}\right). \end{aligned} \tag{3.16}$$

Das Produkt der Dichte der Elektronen und der Löcher hängt nicht von der Lage der Fermi-Energie ab und also auch nicht einzeln von der Dichte der Elektronen oder der Löcher. Es kann deshalb auch nicht durch Dotierung verändert werden. In einem reinen, sogenannten intrinsischen Halbleiter stammen die Elektronen im Leitungsband aus dem Valenzband. Die Dichte der Elektronen n_e ist dann gleich der Dichte der Löcher n_h und wird als intrinsische Dichte n_i bezeichnet.

$$n_e \cdot n_h = n_i^2 = N_C N_V \exp\left(-\frac{\varepsilon_G}{kT}\right). \tag{3.17}$$

Die Lage der Fermi-Energie ergibt sich für den intrinsischen Halbleiter aus der Bedingung $n_e = n_h$ mit Gl.(3.12) und Gl.(3.15) zu

$$\varepsilon_F = \frac{1}{2}(\varepsilon_V + \varepsilon_C) + \frac{1}{2} kT \ln \frac{N_V}{N_C} \tag{3.18}$$

oder durch die effektiven Massen ausgedrückt

$$\varepsilon_F = \frac{1}{2}(\varepsilon_V + \varepsilon_C) + \frac{3}{4} kT \ln \frac{m_h^*}{m_e^*}. \tag{3.19}$$

Mit Kenntnis der Verteilung der Elektronen auf die Zustände können wir die mittlere Energie der Elektronen berechnen

$$<\varepsilon_e> = \frac{1}{n_e} \int_{\varepsilon_C}^{\infty} \varepsilon_e D_e(\varepsilon_e) f_e \, d\varepsilon_e = \varepsilon_C + \frac{3}{2} kT. \tag{3.20}$$

Darin ist ε_C die potentielle Energie. Die mittlere kinetische Energie der Elektronen (im Leitungsband) von $<\varepsilon_e - \varepsilon_C> = \frac{3}{2} kT$ zeigt, daß die Elektronen ein ideales Gas sind.

3.2 Löcher

Zu jedem Zustand mit Impuls $\bar{p}$ gibt es einen Zustand mit entgegengesetztem Impuls $-\bar{p}$. Bei einem vollen Band ist deshalb der Gesamtimpuls Null, es fließt kein Strom. Die Eigenschaften der Löcher wollen wir uns an einem Band mit einem einzigen unbesetzten Zustand klarmachen, indem wir ihm einmal ein Elektron e, das die Geschwindigkeit $\tilde{v}_e$ hat, wegnehmen, oder, alternativ dazu, das fehlende Elektron durch das Hinzufügen eines Lochs zu dem vollen Band erzeugen.

Man erhält den Strom in einem Band durch Summation über die Geschwindigkeiten v_e der besetzten Zustände.

Nehmen wir dem vollen Band ein Elektron weg, das die Geschwindigkeit $\tilde{v}_e$ hat, dann erhalten wir

$$j_Q = -\frac{e}{Vol} \sum_{\text{besetzte Zustände}} v_{e,i} = \underbrace{-\frac{e}{Vol} \sum_{\text{alle Zustände}} v_{e,i}}_{= 0 \text{ (volles Band)}} - \left(-\frac{e}{Vol}\tilde{v}_e\right) = \frac{e}{Vol}\tilde{v}_e . \qquad (3.21)$$

Den gleichen Strom erhält man durch Hinzufügen eines Lochs zu einem vollen Band

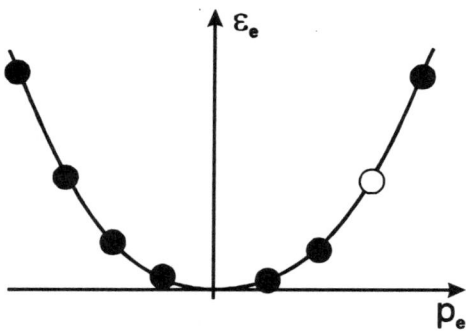

Abb. 3.8 Ein Band, dem ein Elektron mit $p_e > 0$ fehlt hat einen Gesamtimpuls $\Sigma p_e < 0$ und einen elektrischen Strom $j_Q > 0$

$$j_Q = \underbrace{-\frac{e}{Vol}\sum_{\text{alle Zustände}} v_{e,i}}_{= 0 \text{ (volles Band)}} + \underbrace{\left(\frac{q_h}{Vol}\tilde{v}_h\right)}_{\text{Loch}} . \qquad (3.22)$$

Also ist

$$j_Q = \frac{e}{Vol}\tilde{v}_e = \frac{q_h}{Vol}\tilde{v}_h . \qquad (3.23)$$

Die Ladung eines Bandes, dem ein Elektron fehlt, ist gleich der Ladung eines vollen Bandes, dem eine positive Elementarladung hinzugefügt wurde. Also ist die Ladung des Lochs

$$q_h = +e.$$

Nach Gl.(3.23) ist damit allgemein $v_h = v_e$ für ein Loch in einem Zustand, in dem das Elektron die Geschwindigkeit v_e hat. Dann müssen auch die Beschleunigungen von Elektron und Loch als Reaktion auf ein elektrisches Feld E gleich sein

$$a_e = -\frac{eE}{m_e^*} = \frac{eE}{m_h^*} = a_h.$$

Damit ist die effektive Masse des Lochs

$$m_h^* = -m_e^*.$$

Für den Impuls eines Bandes, dem ein Elektron mit dem Impuls p_e fehlt, ergibt sich

$$\bar{p} = \sum_{\substack{volles \\ Band}} \bar{p}_i - p_e = \sum_{\substack{volles \\ Band}} \bar{p}_i + p_h$$

$$p_h = -p_e.$$

Für die Energie ε_h des Lochs, das ein fehlendes Elektron der Energie ε_e repräsentiert, ergibt sich in gleicher Weise

$$\varepsilon_h = -\varepsilon_e.$$

Die Eigenschaften eines Bandes ergeben sich sowohl durch Summation über alle besetzten Zustände als auch durch Summation über alle unbesetzten Zustände. Bei einem fast leeren Band, wie dem Leitungsband, ist die Beschreibung durch die besetzten Zustände einfach, da die wenigen Elektronen dann ein ideales Gas bilden. Bei einem fast vollen Band, wie dem Valenzband, ist die Beschreibung durch die besetzten Zustände kompliziert, weil die Elektronen am oberen Bandrand eine negative effektive Masse haben, und Geschwindigkeit und Impuls bei ihnen entgegengerichtet sind. Ein fast volles Band läßt sich einfacher durch die wenigen, nicht besetzten Zustände, die Löcher, beschreiben, die dann eine positive Ladung tragen, eine positive effektive Masse haben und, wie die Elektronen im Leitungsband, ein ideales Gas bilden.
Ihre mittlere Energie ist

$$<\varepsilon_h> = -\varepsilon_v + \tfrac{3}{2}kT. \tag{3.24}$$

Die Löcher sind keine Ersatzvorstellung, sondern haben genau so viel Realität wie die Elektronen, weil die Eigenschaften eines Bandes in gleicher Weise mit den besetzten wie mit den unbesetzten Zuständen beschreibbar sind. Es ist deshalb völlig unnötig, sich Phänomene, an denen Zustände des Valenzbands beteiligt sind, erst im Elektronenbild klar zu machen, bevor man sie ins Löcherbild überträgt. Die Löcher des Valenzbands sind als positiv geladene Teilchen mit positiver effektiver Masse so real, daß sie bei genügend großer kinetischer Energie durch Stoß Elektronen aus ihrer Bindung herausschlagen, also deren Übergang aus dem Valenzband ins Leitungsband bewirken können.

In Abb.3.9 ist ein Übergang eines Elektrons vom Valenzband ins Leitungsband durch die Absorption eines Photons γ gezeigt. Der Halbleiter absorbiert dabei die Energie des Photons $\varepsilon_\gamma = \hbar\omega$ und seinen Impuls $p_\gamma = \dfrac{\hbar\omega}{c}$.
Durch die Anregung erhält das Leitungsband ein zusätzliches Elektron mit Impuls p_e und Energie ε_e, während dem Valenzband ein Loch mit Impuls p_h und Energie ε_h hinzugefügt wird. Wir sehen die Anregung also als die Erzeugung eines Elektrons (im Leitungsband) und eines Lochs (im Valenzband) an und schreiben sie als chemische Reaktion

$$\gamma \to e + h.$$

Dafür müssen die Impulserhaltung $\quad p_\gamma = p_e + p_h$

und die Energieerhaltung $\quad \varepsilon_\gamma = \hbar\omega = \varepsilon_e + \varepsilon_h \quad$ erfüllt sein.

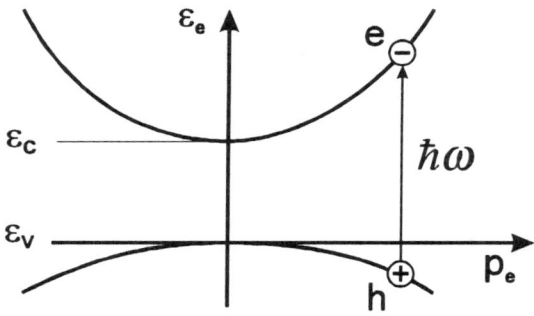

Abb. 3.9 Erzeugung eines Elektron-Loch Paares durch Absorption eines Photons

Abb.3.10 zeigt eine Energieskala für Elektronen. Ihr Nullpunkt ist festgelegt durch die Energie eines freien Elektrons im Vakuum, das sich im elektrischen Potential $\varphi = 0$ befindet und die kinetische Energie $\varepsilon_{kin} = 0$ hat. Die im Halbleiter gebundenen Elektronen haben, gegen diesen Nullpunkt gemessen, eine negative Energie ε_e. Die Energie der Löcher ε_h ist dann positiv. Die Bandränder ε_C, ε_V müßten für die Löcher eigentlich um die Nullinie nach oben geklappt gezeichnet werden. Diese Darstellung ist kompliziert und unüblich. Wir wollen stattdessen Löcherenergien wie Elektronenenergien eintragen und ihre Größe und Vorzeichen durch die Länge und Richtung von Pfeilen bis zur Nullinie berücksichtigen. Für Elektronenenergien weisen die Pfeile nach unten, für Löcherenergien weisen sie nach oben. Die Summe $\varepsilon_e + \varepsilon_h$ ist in dieser Darstellung gleich der Differenz der Abstände von der Nullinie.

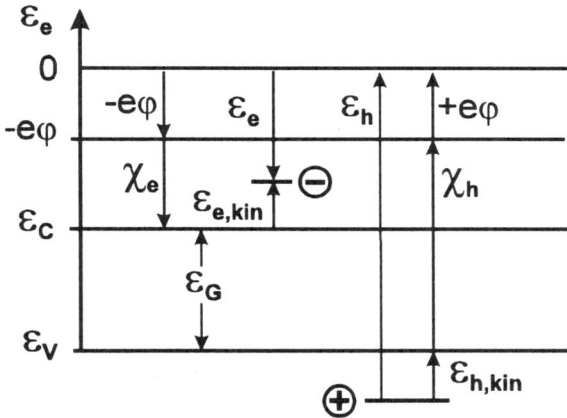

Abb. 3.10 Energieskala für Elektronen und Löcher in einem Halbleiter, die Bindungsenergie eines Elektrons in einem Zustand am Unterrand des Leitungsbands heißt Elektronenaffinität χ_e

3.3 Dotierung

Dotieren eines Halbleiters bedeutet die Zugabe von Fremdatomen. Im einfachsten Fall ersetzen diese die Atome des Halbleiters auf deren Gitterplätzen. Abb.3.11 zeigt das schematisch für ein Gitter von 4-wertigen Atomen.

Donatoren heißen Fremdatome, die in der Regel ein Valenzelektron mehr haben, als auf dem Gitterplatz, den sie besetzen, für die chemische Bindung mit den Nachbaratomen gebraucht werden. Das für die Bindung nicht benötigte Elektron ist elektrisch durch

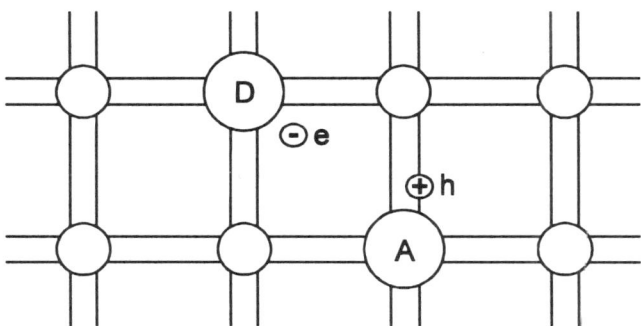

Abb. 3.11 Beim Dotieren werden Gitteratome durch Fremdatome höherer (D) oder niedrigerer (A) Wertigkeit ersetzt

Coulomb-Kräfte an sein Atom gebunden, als negative Ladung im Feld einer positiven Ladung. In erster Näherung erwarten wir für seine Bindungsenergie die des Elektrons im Wasserstoff-Atom, wobei wir statt der Masse die effektive Masse berücksichtigen.

$$\varepsilon_H = \frac{m_e^* e^4}{2(4\pi\varepsilon_0)^2 \hbar^2} = 13.5\, eV \tag{3.25}$$

Da sich aber der Donator nicht im Vakuum befindet, wird das das Elektron an den Kern bindende elektrische Feld durch Polarisation der Nachbaratome geschwächt. Das ε_0^2 in der Bindungsenergie des Elektrons im H-Atom muß durch $(\varepsilon\varepsilon_0)^2$ ersetzt werden. In typischen Halbleitern wie Ge, Si, GaAs hat die Dielektrizitätsfunktion ε bei Frequenzen bis zu 10^{15} Hz Werte > 10, was zu einer drastischen Verminderung der Bindungsenergie auf < 0.1 eV führt. Aus dem gleichen Grund löst sich übrigens (die Bindung von) NaCl in H_2O.

Das an den Donator gebundene Elektron hat die Energie ε_D, die wegen der schwachen Bindung nur wenig kleiner ist als der Unterrand ε_C des Leitungsbands, die kleinste Energie der freien Elektronen. Donatoren geben ihr Elektron daher leicht ins Leitungsband ab, woher sie ihren Namen haben.

Akzeptoren sind Fremdatome, denen für die chemische Bindung mit den Nachbaratomen in der Regel ein Valenzelektron fehlt. Einem Elektron, das dieses Loch in der Bindung füllt, fehlt die Coulomb-Anziehung an das Fremdatom. Es ist deshalb schwächer gebunden als ein Elektron im Valenzband. Da die fehlende Coulomb-Bindung aber nur schwach ist, wie wir bei den Donatoren gesehen haben, ist die Energie ε_A eines Elektrons beim Akzeptor nur wenig größer als der Oberrand ε_V des Valenzbands. Akzeptoren nehmen daher leicht (mit geringem Energieaufwand) ein Elektron aus dem Valenzband auf, weswegen sie ihren Namen haben.

Im für das Valenzband einfacheren Löcherbild heißt das: Löcher sind an Akzeptoren nur schwach gebunden und werden leicht (mit geringem Energieaufwand) ans Valenzband abgegeben.

Für Gitter der 4-wertigen Ge und Si sind die 5-wertigen Atome P (Phosphor) oder As (Arsen) übliche Donatoren, die 3-wertigen B (Bor) oder In (Indium) Akzeptoren.

Für das Gitter des GaAs aus 3-wertigem Ga und 5-wertigem As ist 4-wertiges Si ein Donator, wenn es auf einem Ga-Platz eingebaut wird. Es ist aber ein Akzeptor, wenn es sich auf einem As-Platz befindet. Der unterschiedliche Einbau wird durch unterschiedliche Temperaturen bewirkt. Wichtiger ist 2-wertiges Zn (Zink) auf einem Ga-Platz als Akzeptor und 7-wertiges Cl (Chlor) auf einem As-Platz als Donator.

Technisch wird die Dotierung erreicht durch Erhitzen des Halbleiters im Dampf der Dotieratome, die von der Oberfläche ins Innere diffundieren. Eine andere Möglichkeit ist, den Dotierstoff als Ionen in den Halbleiter zu schießen. Bei dieser Ionenimplantation ist die Verteilung der Dotieratome räumlich schärfer begrenzbar. Es entstehen jedoch zusätzlich Gitterschäden, die bei höherer Temperatur ausgeheilt werden.

Wegen der meist geringen Bindungsenergien der Elektronen an die Donatoren und der Löcher an die Akzeptoren sind Donatoren und Akzeptoren bei Zimmertemperatur fast vollständig ionisiert.

$$D \to D^+ + e \qquad\qquad A \to A^- + h$$

$$n_e \approx n_D \qquad\qquad n_h \approx n_A.$$

Dotierung

Durch Donatoren wird ein Halbleiter zum Elektronen- oder n-Leiter, durch Akzeptoren zum Löcher- oder p-Leiter.
Die folgende Tabelle gibt die Elektronen- und Löcherdichten und die Lage der Fermi-Energie im n- und p-Leiter an.
Die Fermi-Energie folgt aus

$$n_e = N_C \exp\left(-\frac{\varepsilon_C - \varepsilon_F}{kT}\right) \quad \text{zu} \quad \varepsilon_F = \varepsilon_C - kT \ln \frac{N_C}{n_e}$$

oder aus

$$n_h = N_V \exp\left(-\frac{\varepsilon_F - \varepsilon_V}{kT}\right) \quad \text{zu} \quad \varepsilon_F = \varepsilon_V + kT \ln \frac{N_V}{n_h} .$$

	n_e	n_h	ε_F
n-Leiter	$n_e \approx n_D$	$n_h = \frac{n_i^2}{n_e} = \frac{n_i^2}{n_D}$	$\varepsilon_C - kT \ln \frac{N_C}{n_D}$
p-Leiter	$n_e = \frac{n_i^2}{n_h} = \frac{n_i^2}{n_A}$	$n_h \approx n_A$	$\varepsilon_V + kT \ln \frac{N_V}{n_A}$

Typische Dotierkonzentrationen liegen im Bereich von $10^{15}/cm^3$ bis $10^{19}/cm^3$. Das ist wenig, gemessen an der Dichte der Gitteratome von $10^{23}/cm^3$. Damit die Dotierung wirksam wird, muß der Halbleiter bis auf Konzentrationen, die klein gegen die Dotierkonzentrationen sind, gereinigt werden.
Donatoren haben die Eigenschaft, im mit einem Elektron besetzten Zustand neutral und im unbesetzten Zustand einfach positiv geladen zu sein. Akzeptoren sind dagegen im besetzten Zustand einfach negativ geladen und im unbesetzten Zustand neutral. Es gibt Donator-artige Fremdatome mit Elektronenenergien, die nicht in der Nähe des Leitungsbandes liegen, für die das Wasserstoffatom kein gutes Modell ist. Sie sind als Donatoren unwirksam, sondern im Gegenteil sogar schädlich. Liegen ihre Elektronenenergien in der Bandmitte, dann sind sie Rekombinationszentren, liegen sie in der Nähe des Valenzbands, dann entziehen sie als Löcherhaftstellen dem Valenzband Löcher. Ebenso wirken Akzeptor-artige Fremdatome mit Elektronenenergien in der Bandmitte als Rekombinationszentren und in der Nähe des Leitungsbands als Elektronenhaftstellen. Für gute Solarzellen müssen besonders Fremdatome mit Elektronenenergien in der Bandmitte aus dem Halbleitermaterial beseitigt werden, wie in Abschnitt 3.6.2.2 gezeigt wird.

3.4 Quasi-Fermi-Verteilungen

Wir haben es in der Solarzelle mit Halbleitern zu tun, in denen durch Absorption von Photonen der Sonnenstrahlung zusätzlich Elektronen und Löcher erzeugt werden. Abb.3.2 zeigt diese Erzeugung schematisch. Die erzeugten Elektronen und Löcher haben, abhängig von der Energie der absorbierten Photonen, unmittelbar nach ihrer Erzeugung eine andere Energieverteilung in den Bändern als die im Dunkeln vorhandenen. Durch Stöße mit dem Gitter und dabei absorbierte und erzeugte Phononen ändert sich ihre Energieverteilung sehr schnell und erreicht nach etwa 100 Stößen in 10^{-12} s die Energieverteilung der Elektronen und Löcher im Dunkeln mit einer mittleren kinetischen Energie von $\varepsilon_{kin} = 3/2 \cdot kT$.

Nach dieser Thermalisierung leben die Ladungsträger noch ihre "Lebensdauer" lang, die groß ist gegen die Thermalisierungszeit in ihren Bändern, bevor sie durch Rekombination verschwinden. Für die Energieverteilung in den Bändern ist daher die Abweichung von der Gleichgewichtsverteilung während der Thermalisierung völlig vernachlässigbar. Das Gleichgewicht durch Stöße mit den Atomen führt genauso wie im Dunkeln unter Einhaltung des Pauliprinzips zu einem Minimum der freien Energie. Die Verteilung der Elektronen auf Zustände unterschiedlicher Energie ist also eine Fermiverteilung.

Bei Belichtung ist sowohl die Elektronendichte größer als im Dunkeln, $n_e > n_e^0$, als auch die Löcherdichte $n_h > n_h^0$. Dann ist auch $n_e n_h > n_i^2$, was durch Dotieren ja nicht erreichbar war. Die zur Beschreibung des belichteten Zustands gesuchte Fermifunktion muß als Temperatur die Gittertemperatur enthalten, weil nur das eine Verteilung mit $\varepsilon_{kin} = 3/2 \cdot kT$ ergibt. Wegen der vergrößerten Elektronendichte muß die Fermi-Energie näher ans Leitungsband rücken, wegen der vergrößerten Löcherdichte aber näher ans Valenzband.

Die Lösung aus diesem Dilemma: Es gibt (prinzipiell) 2 Fermiverteilungen: Eine, f_C mit der Fermi-Energie $\varepsilon_{F,C}$, die für die Besetzung mit Elektronen im Energiebereich des Leitungsbands und der Donatoren gilt, eine andere, f_V mit der Fermi-Energie $\varepsilon_{F,V}$, die für die Besetzung mit Elektronen im Energiebereich des Valenzbands und der Akzeptoren gilt und also auch die Löcherdichte im Valenzband festlegt.

Die Dichte der Elektronen (im Leitungsband) ist

$$n_e = N_C \exp\left(-\frac{\varepsilon_C - \varepsilon_{F,C}}{kT}\right) \tag{3.26}$$

und die der Löcher (im Valenzband) ist

$$n_h = N_V \exp\left(-\frac{\varepsilon_{F,V} - \varepsilon_V}{kT}\right). \tag{3.27}$$

Damit ist

$$n_e n_h = N_C N_V \exp\left(-\frac{\varepsilon_C - \varepsilon_V}{kT}\right) \exp\left(\frac{\varepsilon_{F,C} - \varepsilon_{F,V}}{kT}\right) \tag{3.28}$$

oder

$$n_e n_h = n_i^2 \exp\left(\frac{\varepsilon_{F,C} - \varepsilon_{F,V}}{kT}\right). \qquad (3.29)$$

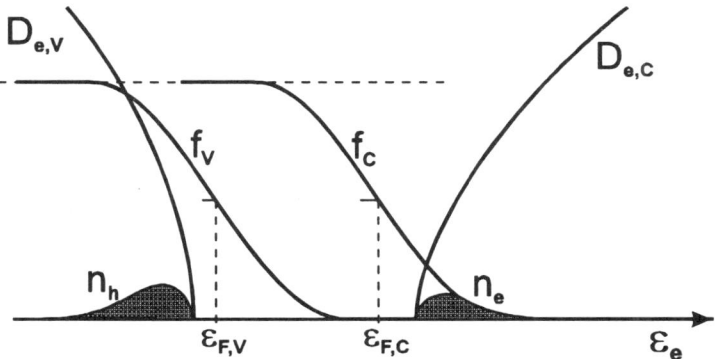

Abb. 3.12 Im belichteten Halbleiter gehören Elektronen und Löcher zu verschiedenen Fermi-Verteilungen

Die zwei Fermi-Verteilungen zeigt Abb.3.12. Man erkennt dort auch, daß im Energiebereich zwischen $\varepsilon_{F,C}$ und $\varepsilon_{F,V}$ die Verteilungen einander widersprechen. Gälte f_C, müßten Zustände in diesem Bereich besetzt sein, gälte f_V, müßten sie unbesetzt sein. Tatsächlich gilt in diesem Bereich keine der beiden Verteilungen. Bei Belichtung wird die Besetzung dort durch die Kinetik, das bevorzugte Einfangen von Löchern oder Elektronen, geregelt. Wir kommen darauf in Abschnitt 3.6.2.2 zurück.

3.4.1 Fermi-Energie und elektrochemisches Potential

Auf der Energieskala der Abb.3.10 ist die Energie der Elektronen ε_e unterteilt in potentielle Energie ε_C und kinetische Energie ε_{kin}, wobei ε_C sich zusammensetzt aus der potentiellen chemischen Energie $-\chi_e$ und der potentiellen elektrischen Energie $-e\varphi$. Wird dem Halbleiter ein Elektron weggenommen, wie es mit dem Strom, den eine Solarzelle liefert, der Fall ist, so nimmt die Energie im Innern des Halbleiters um die ganze Energie ε_e des Elektrons ab. Ist das aber auch die Energie, die als elektrische Energie an einen Verbraucher geliefert wird?

Bei der Antwort ist zu berücksichtigen, daß elektrische Energie frei ist von Entropie S. Wir teilen die Energie daher auf in verschiedene Energieformen, von denen eine die Wärme TS ist.

$$E(S,V,N_i,Q,..) = TS - pV + \sum_i \mu_i N_i + \varphi Q + ... \qquad (3.30)$$

3. Halbleiter

Die anderen Energieformen sind Kompressionsenergie $-pV$, chemische Energie $\mu_i N_i$ der Teilchensorte i, elektrische Energie φQ und andere, wie z.B. magnetische Energie, die für Solarzellen ohne Bedeutung sind. Diese Energieformen sind jeweils Produkte von „intensiven" Größen und von „extensiven", mengenartigen Größen. Die extensiven Größen, die Entropie S, das Volumen V, die Mengen N_i von verschiedenen Teilchensorten i, die Ladung Q und weitere, die für die Solarzellen ohne Belang sind, sind die Energieträger. Für sie gelten meist Erhaltungssätze. Für die Entropie gilt ein halber Erhaltungsatz. Sie kann nicht vernichtet, wohl aber erzeugt werden Die intensiven Größen, Temperatur T, Druck p, chemisches Potential μ_i der Teilchensorte i und elektrisches Potential φ legen als Beladungsmaß fest, welche Energiemenge mit den Energieträgern ausgetauscht wird. Die Gradienten der intensiven Größen treiben Ströme der zugehörigen Energieträger an. Da im Gleichgewicht einer intensiven Größe der Strom des zugehörigen Energieträgers verschwinden muß, hat die intensive Größe dann überall den gleichen Wert. Wenn ein System bezüglich **einer** intensiven Größe im Gleichgewicht ist, muß es bezüglich anderer Größen nicht auch im Gleichgewicht sein. Man unterscheidet deshalb Temperaturgleichgewicht, Druckgleichgewicht, chemisches Gleichgewicht, usw.. Die Bezeichnung „thermodynamisches Gleichgewicht" klingt bedeutend, ist aber sinnlos, weil über die Art des Gleichgewichts nichts ausgesagt wird. Ein Zustand, in dem alle denkbaren intensiven Größen im Gleichgewicht sind, existiert in der realen Welt nicht.

Die Energie, die frei ist von Entropie, heißt „freie Energie" $F(T, V, N_i, Q,..) = E - TS$. Bei der Entnahme von dN_e Elektronen ändert sich die freie Energie der Elektronen um

$$dF_e(T,V,N_e,Q) = -S_e dT - p_e dV + \mu_e dN_e + \varphi dQ$$

Bei der Entnahme von dN_h Löchern ändert sich die freie Energie der Löcher um

$$dF_h(T,V,N_h,Q) = -S_h dT - p_h dV + \mu_h dN_h + \varphi dQ$$

Die freie Energie ändert sich insgesamt um $dF = dF_e + dF_h$. Da die Elektronen und Löcher geladene Teilchen sind, sind mit Änderungen ihrer Menge auch Änderungen der Ladung fest gekoppelt.

$$dQ = z_i\, e\, dN_i,$$

wobei $z = +1$ für Löcher und $z = -1$ für Elektronen ist.

Damit wird $\quad \mu_i dN_i + \varphi dQ = (\mu_i + z_i e\varphi) dN_i = \eta_i dN_i$.

Wegen dieser Kopplung gibt es kein getrenntes chemisches und elektrisches Gleichgewicht der Elekronen und der Löcher, sondern nur ein gekoppeltes, elektrochemisches Gleichgewicht. $\eta_e = \mu_e - e\varphi$ ist das elektrochemische Potential der Elektronen. Es hat im elektrochemischen Gleichgewicht der Elektronen überall den gleichen Wert. $\eta_h = \mu_h + e\varphi$ ist das elektrochemische Potential der Löcher. Es hat im elektrochemischen Gleichgewicht der Löcher überall den gleichen Wert.

Im stationären Betrieb der Solarzelle sind die Temperatur T und das von den Elektronen und Löchern gefüllte Volumen V konstant. Mit dem elektrischen Strom werden außerdem stets gleichviel Elektronen und Löcher entnommen, $dN_e = dN_h = dN$. Als Änderung der freien Energie und damit als Energie, die eine Solarzelle an den Verbraucher mit dN Elektronen und Löchern liefert, ergibt sich

$$dF = dF_e + dF_h = (\eta_e + \eta_h)dN \tag{3.31}$$

Quasi-Fermi-Verteilungen

Es bleibt jetzt noch die Aufgabe, die elektrochemischen Potentiale mit den schon bekannten Energien zu verknüpfen. Wir hatten in Gl.(3.20) als mittlere Energie der Elektronen den Wert $<\varepsilon_e> = \varepsilon_C + 3/2\ kT$ gefunden und für die Löcher entsprechend den Wert $<\varepsilon_h> = -\varepsilon_V + 3/2\ kT$. Diese Erwartungswerte der Energie pro Teilchen findet man auch, wenn man die Gesamtenergie der Teilchen einer Sorte in Gl.(3.30) durch die Teilchenzahl dividiert. Für die Elektronen ist

$$E_e / N_e = <\varepsilon_e> = Ts_e - \frac{p_e V_e}{N_e} + \eta_e = \varepsilon_C + 3/2\ kT, \tag{3.32}$$

und für die Löcher ist

$$E_h / N_h = <\varepsilon_h> = Ts_h - \frac{p_h V_h}{N_h} + \eta_h = -\varepsilon_V + 3/2\ kT \tag{3.33}$$

Die Größen s_e und s_h sind die Entropie pro Elektron und pro Loch. Da die Elektronen und Löcher ideale Gase sind, können wir dafür den von Sackur und Tetrode gefundenen Zusammenhang von s mit der Teilchendichte n benutzen.[1]

$$s = k\left\{5/2 + \ln\left[2\left(\frac{2\pi m kT}{h^2}\right)^{3/2} \Big/ n\right]\right\}. \tag{3.34}$$

Für Elektronen und Löcher im Halbleiter müssen wir für m deren effektive Masse m^* einsetzen und finden mit Gl.(3.13) für die Entropie pro Elektron bzw. pro Loch

$$s_{e,h} = k\left(5/2 + \ln\frac{N_{C,V}}{n_{e,h}}\right). \tag{3.35}$$

Für ideale Gase mit der Teilchenzahl N gilt weiterhin die Zustandsgleichung

$$pV = N\ kT. \tag{3.36}$$

Mit Gl.(3.35) und Gl.(3.36) ergibt sich aus Gl.(3.32) für Elektronen

$$\varepsilon_e = \varepsilon_C + \frac{3}{2}kT = kT\left[\frac{5}{2} + \ln\left(\frac{N_C}{n_e}\right)\right] - kT + \eta_e$$

$$\varepsilon_C - \eta_e = kT\ln\left(\frac{N_C}{n_e}\right)$$

und daraus

$$n_e = N_C \exp\left[\frac{-(\varepsilon_C - \eta_e)}{kT}\right]. \tag{3.37}$$

Das ist identisch mit Gl.(3.26), und wir identifizieren das elektrochemische Potential der Elektronen mit ihrer Fermi-Energie

$$\eta_e = \varepsilon_{F,C}. \tag{3.38}$$

---

[1] R. Becker, Theorie der Wärme, Springer-Verlag, Berlin 1966

Für die Löcher finden wir analog

$$-\varepsilon_V - \eta_h = kT \ln\left(\frac{N_V}{n_h}\right) \qquad (3.39)$$

und

$$n_h = N_V \exp\left(\frac{\eta_h + \varepsilon_V}{kT}\right). \qquad (3.40)$$

Der Vergleich mit Gl.(3.27) zeigt

$$\eta_h = -\varepsilon_{F,V}. \qquad (3.41)$$

In Abb.3.13 sind diese Größen eingetragen.

Die mit der Entnahme von dN Elektronen und Löchern an einen Verbraucher gelieferte freie Energie ist also

$$dF = dF_e + dF_h = (\eta_e + \eta_h)dN = (\varepsilon_{F,C} - \varepsilon_{F,V})dN \ .$$

Dieses Ergebnis ist im Einklang mit der Erwartung, daß das Elektron-Loch System eines Halbleiters, der im Dunkeln ist, also nur die 300 K Umgebungsstrahlung sieht und mit ihr im Gleichgewicht ist, keine elektrische Energie liefern kann, weil für diesen Zustand gilt $\varepsilon_{F,C} - \varepsilon_{F,V} = \eta_e + \eta_h = 0$. Bilden wir die Summe der elektrochemischen Energien eines Elektrons und eines Lochs am gleichen Ort x, wo sich Elektron und Loch im gleichen elektrischen Potential befinden, dann ist die elektrochemische Energie gleich der chemischen Energie

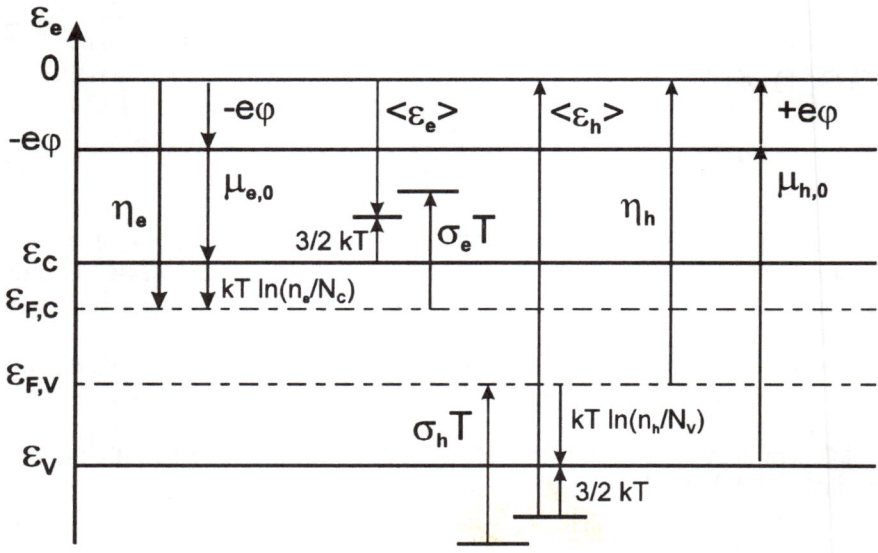

Abb. 3.13 Die Energieformen der Elektronen und Löcher

$$\eta_e(x)+\eta_h(x)=\mu_e(x)-e\varphi(x)+\mu_h(x)+e\varphi(x)=\mu_e(x)+\mu_h(x). \quad (3.42)$$

Das ist wichtig für die Umwandlung von Sonnenenergie in chemische Energie wie bei der Photosynthese. Diese Umwandlung geschieht in jedem belichteten Halbleiter ohne jede weitere Vorkehrung.

3.4.2 Austrittsarbeit

Der Betrag des chemischen Potentials der Elektronen μ_e ist auch bekannt unter dem Namen Austrittsarbeit. Das ist die Energie, die aufgewendet werden muß, um ein Elektron aus einem Halbleiter oder Metall thermisch, also durch Glühemission, ins Vakuum anzuregen, wobei angenommen ist, daß es im gleichen elektrischen Potential bleibt, seine elektrische Energie $-e\varphi$ sich dabei nicht ändert. Für Metalle, in denen die Zustände bis zur Fermi-Energie besetzt sind, ist das einleuchtend. In Halbleitern gibt es jedoch gar keine Elektronen mit Energien gleich der Fermi-Energie.

In Glühemissions-Experimenten wird die Austrittsarbeit aus der Temperaturabhängigkeit des emittierten Elektronenstroms bestimmt. Dieser ist proportional der Konzentration der Elektronen $n_{e,\text{frei}}$, die nicht im Halbleiter gebunden sind, die also mindestens die Energie $\varepsilon_e = -e\varphi$ haben. So wie bei der Herleitung der Konzentration der Elektronen im Leitungsband, die ja mindestens die Energie $\varepsilon_e = \varepsilon_C$ haben, in Gl.(3.12), findet man

$$n_{e,\text{frei}} \propto \exp\left(-\frac{-e\varphi - \varepsilon_F}{kT}\right) = \exp\left(\frac{\mu_e}{kT}\right)$$

in gleicher Weise für Halbleiter und Metalle. Die thermische Austrittsarbeit ist nur bei Metallen charakteristisch für das Grundmaterial. Bei Halbleitern hängt sie von der Dotierung ab, sie ist größer für p-dotierte Halbleiter als für n-dotierte. Nach Abb.3.13 kann man das chemische Potential μ_e der Elektronen im Halbleiter zerlegen in einen konzentrationsunabhängigen Anteil $\mu_{e,0}$, der von der chemischen Umgebung der Elektronen, also vom Grundmaterial, bestimmt wird und in einen konzentrationsabhängigen Anteil

$$\mu_e = \mu_{e,0} + kT \ln\left(\frac{n_e}{N_C}\right). \quad (3.43)$$

Als charakteristische Größe für das Grundmaterial benutzt man den konzentrationsunabhängigen Anteil des chemischen Potentials der Elektronen $\mu_{e,0}$ oder dessen Betrag, die Elektronenaffinität χ_e, mit der die Austrittsarbeit bei bekannter Dotierung aus Gl.(3.43) berechnet wird.

Austrittsarbeiten können auch aus der Photoemission gewonnen werden als die kleinste Photonenenergie, bei der Emission von Elektronen ins Vakuum beobachtet wird. Bei Metallen ergibt sich kein großer Unterschied zu thermisch gemessenen Austrittsarbeiten, bei Halbleitern mißt man damit jedoch nicht die Austrittsarbeit, sondern die Energie des Übergangs von der Oberkante des Valenzbands ins Vakuum. Übergänge vom Leitungsband ins Vakuum sind wegen der viel kleineren Elektronendichte des Leitungsbands nicht beobachtbar.

3.5 Erzeugung von Elektronen und Löchern

Elektronen und Löcher werden erzeugt durch Prozesse, die die Erzeugungsenergie von wenigstens ε_G aufbringen. Dazu gehört die Stoßionisation, bei der ein Elektron (oder Loch) mit großer kinetischer Energie ein anderes Elektron aus seiner Bindung schlägt und dabei kinetische Energie verliert. Der gleiche Prozeß einer Anregung eines Elektrons aus dem Valenzband ins Leitungsband findet statt mit einer Gitterschwingung als Energielieferant oder durch die Absorption von Photonen. Bei Anwesenheit von Störstellen, die Zustände mit Energien in der verbotenen Zone haben, kann über diese Zwischenzustände die Anregung in mehreren Schritten erfolgen und die Erzeugungsenergie ε_G in kleinen Portionen aufgebracht werden.

3.5.1 Absorption von Photonen

Für die Solarzellen ist die Erzeugung von Elektronen und Löchern durch Absorption von Photonen natürlich der wichtigste Prozeß. Unser Ziel ist, die Wahrscheinlichkeit für die Absorption eines Photons als Funktion seiner Energie zu bestimmen.

3.5.1.1 Direkte Übergänge

Direkte Übergänge waren definiert als solche, bei denen sich der Impuls des Elektron-Loch-Systems nicht ändert. Damit ist die Impulsbilanz mit der ausschließlichen Reaktion mit Photonen verträglich. Es ist nämlich

$$p_\gamma = p_e + p_h \approx 0, \qquad \text{und damit} \qquad p_e = -p_h,$$

weil in $p_\gamma = \hbar\omega/c$ die Lichtgeschwindigkeit so groß ist.
Die Energieerhaltung

$$\hbar\omega = \varepsilon_e + \varepsilon_h \quad \text{zusammen mit} \qquad \varepsilon_e = \varepsilon_C + \frac{p_e^2}{2m_e^*} \qquad \text{und} \qquad \varepsilon_h = -\varepsilon_V + \frac{p_h^2}{2m_h^*}$$

ergibt

$$\hbar\omega = \varepsilon_C - \varepsilon_V + \frac{p_e^2}{2m_e^*} + \frac{p_h^2}{2m_h^*}.$$

Mit $p_e^2 = p_h^2 = p^2$ folgt

$$\hbar\omega = \varepsilon_G + \frac{p^2}{2}\left(\frac{1}{m_e^*} + \frac{1}{m_h^*}\right) = \varepsilon_G + \frac{p^2}{2m_{komb}}. \tag{3.44}$$

Darin ist $m_{komb} = \dfrac{m_e^* m_h^*}{m_e^* + m_h^*}$ die sogenannte kombinierte Masse.

Die Energie für den direkten Übergang $\hbar\omega$ hängt in Gl.(3.44) in sehr ähnlicher Weise mit dem Impuls zusammen wie die kinetische Energie $\varepsilon_{e,kin}$ der Elektronen im Leitungsband in Gl.(3.4).

Die Wahrscheinlichkeit für die Absorption eines Photons mit der Energie $\hbar\omega$ ist proportional zur Dichte der Zustände von Valenz- und Leitungsband, die beim gleichen Impuls um diese Energie auseinander liegen. So, wie aus Gl.(3.4) wegen der Quantisierung des Impulses die Zustandsdichte für die Elektronen folgt, finden wir aus Gl.(3.44) aus dem gleichen Grund die sogenannte kombinierte Zustandsdichte

$$D_{komb}(\hbar\omega) = \frac{4\pi}{h^3}(2m_{komb})^{3/2}(\hbar\omega - \varepsilon_G)^{1/2}. \qquad (3.45)$$

Die Wahrscheinlichkeit der Absorption eines Photons wird mit der Absorptionskonstanten α pro Weg des Photons angegeben. Die Lichtintensität I_E fällt exponentiell mit dem zurückgelegten Weg ab

$$I_E(x) = I_E(0)\exp(-\alpha x).$$

Für Halbleiter wie GaAs, in denen direkte Übergänge fast ohne Änderung des Impulses zwischen der Oberkante des Valenzbands ε_V und der Unterkante des Leitungsbands ε_C möglich sind, ist $\alpha \sim D_{komb}(\hbar\omega)$. Abb.3.14 zeigt die Absorptionskonstante α von GaAs.

Für $\hbar\omega < \varepsilon_G$ gilt $\alpha = 0$. Photonen dieser Energie werden reflektiert oder transmittiert. Für $\hbar\omega > \varepsilon_G$ steigt $\alpha \sim (\hbar\omega - \varepsilon_G)^{1/2}$ entsprechend den theoretischen Erwartungen steil an

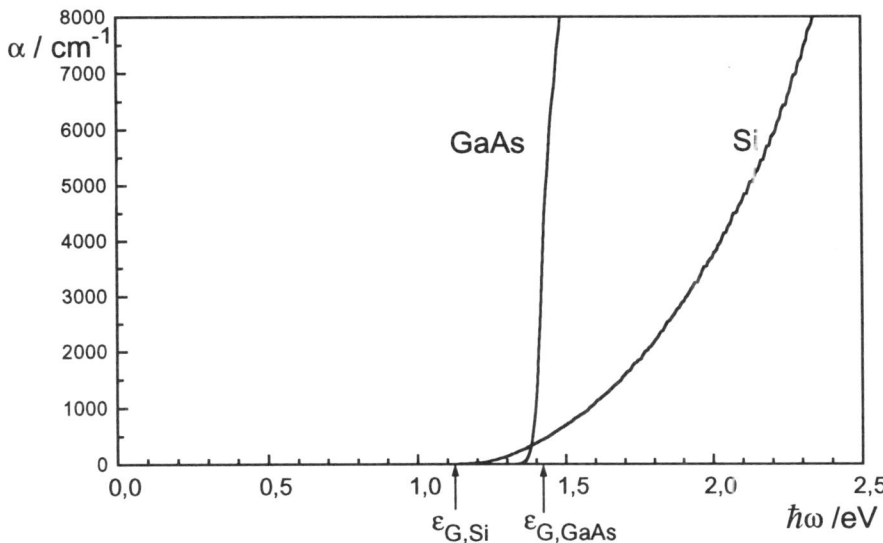

Abb. 3.14 Absorptionskonstanten α des "direkten" Halbleiters Galliumarsenid und des "indirekten" Halbleiters Silizium

zu Werten von 10^4/cm - 10^5/cm. In Abb.3.14 ist nur der steile Anstieg zu sehen. Der weitere wurzelförmige Verlauf mit großen Werten der Absorptionskonstanten fehlt in der Abbildung. Er ist meßtechnisch schwer zu erfassen, da für Transmissionsmessungen dann sehr dünne Kristalle benötigt werden. An der Absorptionskante, bei $\hbar\omega = \varepsilon_G$ wird der wurzelförmige Anstieg von einem exponentiellen Anstieg überlagert, dem sogenannten Urbach-Ausläufer, der von statistischen Schwankungen des Bandabstands herrührt, die von Gitterschwingungen verursacht werden. Da bei $x = 1/\alpha$ die Intensität um den Faktor e abgeschwächt ist, wird $L_\gamma = 1/\alpha$ als Eindringtiefe bezeichnet. Wegen der großen Absorptionskonstanten bzw. der kleinen Eindringtiefe der Photonen muß GaAs nicht dicker sein als einige μm, um den von ihm absorbierbaren Teil des Sonnenspektrums zu absorbieren. Das gleiche gilt für alle anderen "direkten" Halbleiter, von denen dünne Schichten zur Absorption ausreichen.

3.5.1.2 Indirekte Übergänge

Ein Übergang zwischen dem Maximum des Valenzbands ε_V und dem Minimum des Leitungsbands ε_C ist in einem indirekten Halbleiter durch Absorption eines Photons allein nicht möglich, dazu ist der Impuls des Photons $p_\gamma = \hbar\omega/c$ zu klein. Die Impulsbilanz wird durch die Beteiligung eines weiteren "Teilchens", einer Gitterschwingung oder eines Phonons erfüllt. Phononen haben wegen der großen Masse der Atome bei kleinen Energien $\hbar\Omega$ große Impulse p_Γ.

Bei der Absorption des Photons kann ein Phonon absorbiert werden,

$$\gamma + \Gamma \rightarrow e + h$$
$$p_\gamma + p_\Gamma = p_e + p_h$$
$$\hbar\omega + \hbar\Omega = \varepsilon_e + \varepsilon_h , \tag{3.46}$$

es kann aber auch ein Phonon erzeugt werden

$$\gamma \rightarrow e + h + \Gamma$$
$$p_\gamma = p_e + p_h + p_\Gamma$$
$$\hbar\omega = \varepsilon_e + \varepsilon_h + \hbar\Omega . \tag{3.47}$$

Durch die Beteiligung der Phononen ist es möglich, von jedem Zustand des Valenzbands zu jedem Zustand des Leitungsbands mit Photonen Übergänge zu bewerkstelligen, soweit es die Energiebilanz zuläßt. Die Übergangswahrscheinlichkeit ist also für jeden Zustand des Leitungsbands proportional zur Zahl aller Zustände des Valenzbands, die um die Photonenenergie $\hbar\omega$ plus oder minus die Phononenenergie $\hbar\Omega$ tiefer liegen. Für die Wahrscheinlichkeit der Absorption eines Photons mit der Energie $\hbar\omega$ muß noch über alle Zustände des Leitungsbands mit Energie $\varepsilon_{e,kin}$ integriert werden, die bei Einhaltung der Energiebilanz vom Valenzband aus erreichbar sind.

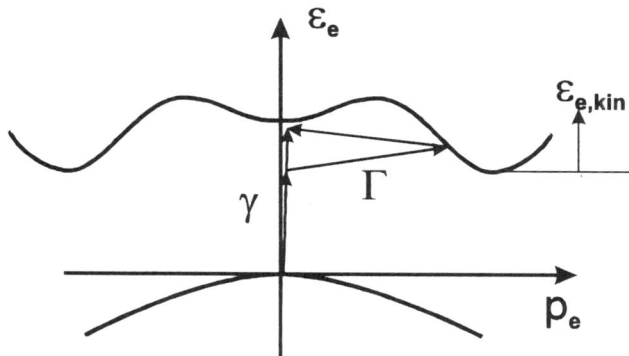

Abb. 3.15 Energie von Elektronen-Zuständen ε_e in Leitungs- und Valenzband, zwischen denen Übergänge durch Absorption eines Photons γ und gleichzeitige Absorption oder Emission eines Phonons Γ möglich sind

$$\alpha(\hbar\omega) \propto \int_0^{\hbar\omega \pm \hbar\Omega - \varepsilon_G} D_C(\varepsilon_{e,kin}) D_V(\hbar\omega \pm \hbar\Omega - \varepsilon_G - \varepsilon_{e,kin})\, d\varepsilon_{e,kin}$$

Mit der Energieabhängigkeit der Zustandsdichten nach Gl.(3.6) ergibt die Integration

$$\alpha(\hbar\omega) \propto (\hbar\omega - \varepsilon_G \pm \hbar\Omega)^2. \tag{3.48}$$

Das Plus-Zeichen gilt für die gleichzeitige Absorption von Photon und Phonon, das Minus-Zeichen für die Emission eines Phonons bei der Absorption eines Photons. Wegen der zur Impulserhaltung notwendigen Beteiligung von Phononen ist die Absorptionskonstante von "indirekten" Halbleitern klein, ihre Abhängigkeit von der Photonenenergie ist für Silizium, einen typischen indirekten Halbleiter, ebenfalls in Abb 3.14 gezeigt. Absorption und Emission von Phononen sind in dieser Darstellung nicht zu unterscheiden.

Wegen des kleinen Werts von α ist die Eindringtiefe der Photonen in einen indirekten Halbleiter groß. Zur Absorption der absorbierbaren Photonen des Sonnenspektrums, also solcher mit $\hbar\omega > \varepsilon_G$, muß der Halbleiter in der Geometrie einer planparallelen Platte einige hundert μm dick sein. Neben Silizium ist Germanium ein indirekter Halbleiter.

3.5.2 Generation von Elektron-Loch-Paaren

Eine wichtige Gleichung für die folgenden Überlegungen ist die Kontinuitätsgleichung. In allgemeiner Form für eine mengenartige Größe i, z.B. eine Teilchensorte, heißt sie

$$\frac{\partial n_i(x)}{\partial t} = G_i(x) - R_i(x) - \text{div } j_i(x). \tag{3.49}$$

Sie bedeutet, daß die Dichte n_i von Teilchen der Sorte i in einem Volumenelement am Ort x anwächst, wenn diese Teilchen dort mit der Generationsrate G_i erzeugt werden; daß n_i abnimmt, wenn Teilchen am Ort x mit der Vernichtungsrate R_i vernichtet werden, oder dadurch aus dem Volumenelement am Ort x verschwinden, daß der nach rechts (zu großen x) wegfließende Teilchenstrom größer ist als der von links (von kleinen x) heranfließende (div $j_i > 0$).

Um uns an den Umgang mit der Kontinuitätsgleichung zu gewöhnen, wenden wir sie auf den in den Halbleiter eindringenden und durch Absorption schwächer werdenden Photonenstrom an. Wenn auf den Halbleiter von außen ein Strom j_γ von Photonen einfällt und im Halbleiter keine Photonen erzeugt werden ($G_\gamma = 0$), dann ist im stationären Zustand, in dem keine zeitlichen Änderungen auftreten,

$$\frac{\partial n_\gamma}{\partial t} = -R_\gamma - \text{div } j_\gamma = 0.$$

Mit $R_\gamma = \alpha j_\gamma$ drücken wir die bei der Absorption erwartete Proportionalität zwischen Vernichtungsrate und Photonendichte (die sich mit Lichtgeschwindigkeit bewegt) aus. Für Lichteinfall in x-Richtung ist also

$$\text{div } j_\gamma = \frac{dj_\gamma}{dx} = -R_\gamma = -\alpha j_\gamma.$$

Durch Integration finden wir $\quad j_\gamma(x) = j_\gamma(0) e^{-\alpha x},$

das Absorptionsgesetz, das wir schon kennen. Darin ist $j_\gamma(0)$ der in die Halbleiteroberfläche eindringende Photonenstrom. Er ist um den reflektierten Anteil kleiner als der einfallende Photonenstrom $j_{\gamma,einf}$

$$j_\gamma(0) = (1-r) j_{\gamma,einf}.$$

Mit dem Transmissionsgrad eines Körpers der Dicke d

$$t = (1-r) \exp(-\alpha d)$$

ergibt sich der insgesamt absorbierte Photonenstrom zu

$$j_{\gamma,abs} = (1-r-t) j_{\gamma,einf} = (1-r)[1 - \exp(-\alpha d)] j_{\gamma,einf} = a\, j_{\gamma,einf}.$$

Der so definierte Absorptionsgrad $a = (1-r)(1-\exp(-\alpha d))$ gilt für eine planparallele Platte der Dicke d bei Vernachlässigung von Vielfachreflexion.
Da pro absorbiertes (vernichtetes) Photon sowohl ein Loch als auch ein Elektron erzeugt wird, gilt für deren Generationsrate

$$G_h = G_e = R_\gamma = \alpha j_\gamma(x).$$

Dabei ist angenommen, daß ein absorbiertes Photon jeweils nur ein Elektron und ein Loch erzeugt. Ist die Photonenenergie $\hbar\omega$ aber mindestens doppelt so groß wie der Bandabstand ε_G, dann kann einer der beiden Ladungsträger eine kinetische Energie $\varepsilon_{kin} \geq \varepsilon_G$ haben. Dieser Ladungsträger, Elektron oder Loch, ist in der Lage, durch Stoßionisation ein Elektron aus seiner chemischen Bindung herauszuschlagen und damit ein weiteres Elektron-Loch-Paar zu erzeugen. Dieser prinzipiell mögliche Prozeß setzt eine Bandstruktur des Halbleiters voraus, die die Erhaltung von Energie und Impuls gewährleistet. In realen Solarzellen kommt er nur mit sehr geringer Wahrscheinlichkeit vor und nur bei Photonenenergien, bei denen die Sonne kaum noch Photonen liefert.

Als Beispiel berechnen wir die Generationsrate von Elektronen und Löchern durch Absorption von Photonen der uns im Dunkeln umgebenden schwarzen 300 K Strahlung und kennzeichnen diese als Gleichgewichtsraten mit einer hochgestellten 0. Dabei muß berücksichtigt werden, daß die Photonen unterschiedliche Energien haben und die Absorptionskonstante α von der Photonenenergie $\hbar\omega$ abhängt.

$$G_e^0 = G_h^0 = R_\gamma^0 = \int_0^\infty \alpha(\hbar\omega) \, dj_\gamma(\hbar\omega)$$

$$G_e^0 = G_h^0 = \frac{\Omega}{4\pi^3 \hbar^3 c^2} \int_0^\infty \frac{\alpha(\hbar\omega)(\hbar\omega)^2}{\exp\left(\frac{\hbar\omega}{kT_0}\right)-1} \, d\hbar\omega. \qquad (3.50)$$

Darin ist c die Ausbreitungsgeschwindigkeit im Medium, die um den Brechungsindex n kleiner ist als im Vakuum. Dadurch ist die Dichte der Photonen pro Raumwinkel und damit die Absorptionsrate von Photonen proportional zu n^2. Da die Photonenstromdichte beim Übergang vom Vakuum in ein Medium außer durch Reflexion nicht weiter geändert wird, muß bei größerer Dichte der Photonen pro Raumwinkel der Raumwinkelbereich Ω im Medium, der von Photonen von außen erreichbar ist, um den Faktor n^2 kleiner sein als im Vakuum. Dem trägt das Snell'sche Brechungsgesetz Rechnung, nach dem sich die Photonen im Medium in einem kleineren Winkel zum Lot auf die Oberfläche ausbreiten als im Vakuum wie in Abb.3.16 dargestellt. Für die Elektronen und Löcher ist die Definition einer Dichte pro Volumen und Raumwinkel nicht sinnvoll, da sie nach wenigen Stößen mit Phononen, also in weniger als 10^{-13} s eine isotrope Impulsverteilung erreicht haben, die den Raumwinkel $\Omega = 4\pi$ gleichmäßig besetzt.

Betrachten wir den Halbleiter im thermischen und chemischen Gleichgewicht mit der Umgebung, also im Dunkeln und ohne, daß ein Strom durch ihn fließt, dann müssen an jedem Ort und in jedem Raumwinkelelement genau so viele Photonen erzeugt werden wie absorbiert werden. Die Strahlung ist dann isotrop, also ist $\Omega = 4\pi$. Nun sind, wie wir gerade gesehen haben, gewisse Raumwinkelbereiche für Photonen von außen gar nicht zugänglich. Nach dem Prinzip des detaillierten Gleichgewichts dürfen die im Medium in diese Raumwinkelbereiche emittierten Photonen das Medium nicht verlassen können. Sie werden total-reflektiert. Die Strahlung ist in diesem Gleichgewichtszustand im Halbleiter auch homogen, also $j_\gamma^0 \neq j_\gamma^0(x)$.

Neben der Erzeugung von Elektron-Loch-Paaren durch Absorption von Photonen gibt es auch eine Erzeugung durch strahlungslose Übergänge aus dem Valenz- ins Leitungsband, bei denen meist Störstellen beteiligt sind. Im thermischen und chemischen Gleichgewicht mit der Umgebung gilt auch dafür, daß sich die Generationsraten und die Rekombinationsraten kompensieren müssen. Wir können hier wenig über die strahlungslose Generation sagen und kommen auf diesen Punkt im nächsten Abschnitt zurück, wenn die strahlungslose Rekombination behandelt ist.

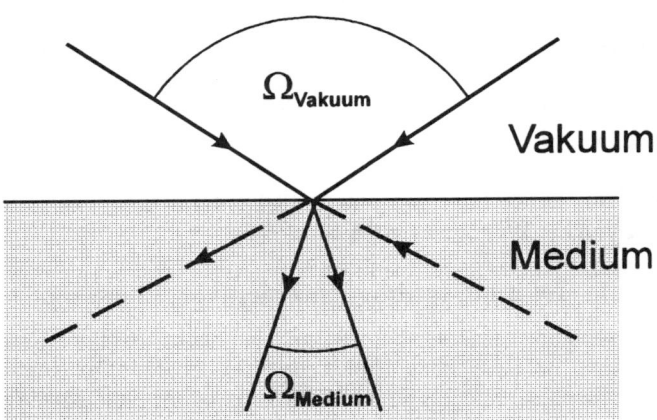

Abb. 3.16 Photonen füllen nach der Brechung an der Grenzfläche zwischen zwei Medien im Medium mit dem größeren Brechungsindex den kleineren Raumwinkel. Photonen, deren Impuls in von außen unzugänglichen Raumwinkelbereichen liegt (gestrichelt), werden total-reflektiert.

3.6 Rekombination von Elektron-Loch-Paaren

Die im vorigen Abschnitt 3.5 erwähnten verschiedenen Prozesse der Erzeugung von Elektronen und Löchern existieren auch immer in ihrer Umkehrung, in der Elektronen und Löcher in einer als Rekombination bezeichneten Reaktion vernichtet werden. Mit der dabei frei werdenden Energie werden Photonen oder Phononen, oder beide gleichzeitig, erzeugt. Im thermischen und chemischen Gleichgewicht mit der Umgebungsstrahlung, in dem $n_e^0 n_h^0 = n_i^2$ ist, gleichen sich für jeden der verschiedenen Mechanismen die Erzeugungs- und Vernichtungsraten exakt aus. Das wird als Prinzip des detaillierten Gleichgewichts bezeichnet.

3.6.1 Strahlende Rekombination, Emission von Photonen

Die strahlende Rekombination, bei der ein Loch mit einem Elektron reagiert und ein Photon erzeugt wird, ist die genaue Umkehrung der Absorption. (Im reinen Elektronenbild ist es der spontane Übergang eines Elektrons vom Leitungsband in einen unbesetzten Zustand des Valenzbands).

$$e + h \to \gamma$$

Dieser Prozeß ist umso häufiger, je mehr Elektronen und Löcher es gibt. Also gilt

$$G_\gamma = R_e = R_h = B \cdot n_e \cdot n_h. \qquad (3.51)$$

Darin ist B eine noch zu bestimmende Konstante.
Im Gleichgewicht mit der Umgebungsstrahlung, in dem $n_e^0 n_h^0 = n_i^2$ gilt, ist

$$G_\gamma^0 = R_e^0 = R_h^0 = R_\gamma^0 = G_e^0 = G_h^0 = B n_i^2. \qquad (3.52)$$

Die Gleichheit von G_γ^0 und R_γ^0, die im Gleichgewicht nicht nur integral über das Spektrum, sondern auch in jedem Photonenenergieintervall gilt, ist Ausdruck des Kirchhoffschen Strahlungsgesetzes. Mikroskopisch bedeutet das, daß im thermischen und chemischen Gleichgewicht mit der Umgebungsstrahlung die Raten aller Generationsprozesse einzeln durch gleich große Raten von Rekombinationsprozessen zwischen den gleichen Anfangs- und Endzuständen kompensiert werden. Das ist das Prinzip des detaillierten Gleichgewichts (englisch: detailed balance). Für die Berechnung von G_γ^0 übernehmen wir darum den Ausdruck für G_e^0 in Gl.(3.50)

$$G_\gamma^0 = \frac{\Omega}{4\pi^3 \hbar^3 c^2} \int_0^\infty \frac{\alpha(\hbar\omega)(\hbar\omega)^2}{\exp\left(\frac{\hbar\omega}{kT_0}\right) - 1} d\hbar\omega \qquad (3.53)$$

Mit Kenntnis der Absorptionskonstanten $\alpha(\hbar\omega)$, die aus Absorptionsmessungen bestimmt wird, und von n_i kann die Konstante B der strahlenden Rekombination in Gl.(3.76) berechnet werden.

Die Rate, mit der Photonen in Silizium im Gleichgewicht mit der schwarzen 300 K Umgebungsstrahlung pro Volumen erzeugt werden, ist

$$G_\gamma^0(Si) = 3 \cdot 10^5 \frac{\gamma}{cm^3 s} = B n_i^2.$$

Für Silizium ist $n_i = 10^{10}/cm^3$ und damit ist

$$B(Si) = 3 \cdot 10^{-15} \frac{\gamma\, cm^3}{s}.$$

Im Zustand des Nichtgleichgewichts zwischen den Elektronen und Löchern im Halbleiter und den Photonen der 300 K Umgebungsstrahlung wegen der Bestrahlung mit der Sonne oder durch Injektion oder Extraktion mit einem elektrischen Strom ist $n_e n_h \neq n_i^2$. Bei der Extraktion ohne zusätzliche Erzeugung ist sogar $n_e n_h < n_i^2$. Die Verteilung der Elektronen und Löcher auf die Zustände ist aber immer noch durch Fermi-Verteilungen mit der Gittertemperatur bestimmt mit einer mittleren kinetischen Energie von $<\varepsilon_{kin}> = 3/2\, kT$. Im Zustand des Nichtgleichgewichts mit der 300 K Umgebungsstrahlung werden deshalb Photonen mit der gleichen Energieverteilung emittiert wie ohne zusätzliche Belichtung, aber mit der veränderten Rate

$$G_\gamma = G_\gamma^0 \cdot \frac{n_e n_h}{n_i^2}. \tag{3.54}$$

Mit Hilfe der Quasi-Fermi-Energien in Gl.(3.29) können wir dafür schreiben

$$G_\gamma = G_\gamma^0 \exp\left(\frac{\varepsilon_{F,C} - \varepsilon_{F,V}}{kT}\right). \tag{3.55}$$

Da die Emissionsrate sich bei Sonnenbestrahlung proportional zu $n_e \cdot n_h$ erhöht, und die dabei durch Rekombination vernichteten Elektron-Loch Paare für den elektrischen Strom, den eine Solarzelle liefern soll, verloren sind, interessiert uns, wie groß der von einem Halbleiter der Dicke d insgesamt emittierte Photonenstrom ist.

Obwohl es für die Anwendung der Kontinuitätsgleichung eine gute Übung wäre, ist die Integration der Emissions- und Absorptionsrate der Photonen über das Volumen des Halbleiters und die Berücksichtigung der Totalreflexion an der Grenzfläche ein eher verwirrender Rechengang. Wir machen uns statt dessen wieder das Prinzip des detaillierten Gleichgewichts zunutze, um mit dem emittierten Photonenstrom den Gesamtverlust einer Zelle an Elektron-Loch-Paaren durch strahlende Rekombination zu bestimmen.

Im thermischen und chemischen Gleichgewicht mit der Umgebungsstrahlung muß von der Oberfläche eines Körpers ein gleich großer Photonenstrom $dj_\gamma^0(\hbar\omega)$ in die Umgebung gehen, wie aus der Umgebung auf die Oberfläche einfällt. Der einfallende Photonenstrom wird teilweise reflektiert, transmittiert und absorbiert. Der von der Oberfläche des Halbleiters ins angrenzende Medium ausgehende Photonenstrom besteht entsprechend aus einem reflektierten, transmittierten und emittierten Teil. Im Gleichgewicht mit der Umgebungsstrahlung ist der emittierte Photonenstrom gleich dem absorbierten Photonenstrom $dj_{\gamma,em} = a(\hbar\omega)\, dj_\gamma^0$. Im Nichtgleichgewicht ist der emittierte Photonenstrom entsprechend der um den Faktor $n_e n_h / n_i^2$ vergrößerten Emissionsrate in Gl.(3.54)

Rekombination von Elektron-Loch-Paaren

$$dj_{\gamma,em}(\hbar\omega) = a(\hbar\omega)\frac{n_e n_h}{n_i^2} dj_\gamma^0(\hbar\omega) \ . \tag{3.56}$$

Darin ist $a(\hbar\omega)$ der Absorptionsgrad, der ohne Berücksichtigung von Vielfachreflexion $a(\hbar\omega) = [1-r(\hbar\omega)]\{1-\exp[-\alpha(\hbar\omega)d]\}$ ist. Der Absorptionsgrad ist immer ≤ 1 und wird für Dicken $d \gg 1/\alpha$ unabhängig von der Dicke. Damit erreicht auch die emittierte Photonenstromdichte bei großen Dicken einen Grenzwert, der nicht mehr von der Dicke abhängt. Zwar nimmt die über das Volumen integrierte Rate der strahlenden Rekombination linear mit dem Volumen zu, bei großer Dicke werden aber die meisten dabei erzeugten Photonen wieder absorbiert und erzeugen wieder Elektron-Loch Paare.

Zusammen mit dem reflektierten und dem transmittierten Anteil der Umgebungsstrahlung ist der insgesamt von der Oberfläche eines angeregten Halbleiters ausgehende Photonenstrom

$$dj_{\gamma,Oberfl}(\hbar\omega) = \left(a(\hbar\omega)\frac{n_e n_h}{n_i^2} + r(\hbar\omega) + t(\hbar\omega)\right) dj_\gamma^0(\hbar\omega). \tag{3.57}$$

Obwohl der Verlust von Elektron-Loch-Paaren durch strahlende Rekombination und Emission von Photonen bei gegenwärtigen realen Solarzellen ganz unbedeutend ist, ist er der einzige Verlust, der prinzipiell nicht vermeidbar ist, da er direkt mit der Absorption verbunden ist, auf die ja nicht verzichtet werden kann.

Die Rate der strahlenden Rekombination (pro Volumen) ist proportional zur Absorptionskonstanten und damit in direkten Halbleitern viel größer als in indirekten.

Drückt man Gl.(3.56) durch die Quasi-Fermi-Energien aus, dann wird daraus

$$dj_{\gamma,em} = a(\hbar\omega)\exp[(\varepsilon_{F,C}-\varepsilon_{F,V})/kT]\frac{\Omega}{4\pi^3\hbar^3 c^2}\frac{(\hbar\omega)^2}{\exp(\hbar\omega/kT)-1}d\hbar\omega \tag{3.58}$$

In dieses Ergebnis geht der nur näherungsweise gültige Zusammenhang zwischen den Ladungsträgerkonzentrationen und der Lage der Fermi-Energien ein. Die Fermi-Energien mußten einige kT von den Bandrändern entfernt sein, um diesen Zusammenhang analytisch in Abschnitt 3.1.2 angeben zu können. Während Gl.(3.56) exakt gültig ist, ist Gl.(3.58) nur näherungsweise gültig. Es ist interessant, daß die Einschränkung, die für die Bestimmung der Einzelkonzentrationen gemacht werden mußte, für das Produkt der Konzentrationen nicht notwendig ist. Statt Gl.(3.58) findet man als exaktes Resultat[1]

$$dj_{\gamma,em} = a(\hbar\omega)\frac{\Omega}{4\pi^3\hbar^3 c^2}\frac{(\hbar\omega)^2}{\exp\left\{\dfrac{\hbar\omega-(\varepsilon_{F,C}-\varepsilon_{F,V})}{kT}\right\}-1}d\hbar\omega \ . \tag{3.59}$$

In dieser Form beschreibt es als verallgemeinertes Planck'sches Strahlungsgesetz sowohl die Emission von thermischer Strahlung, wenn $(\varepsilon_{F,C} - \varepsilon_{F,V}) = 0$ ist, als auch die Emission von Lumineszenzstrahlung, wenn $(\varepsilon_{F,C} - \varepsilon_{F,V}) \neq 0$ ist. Die Differenz der Fermi-Energien $(\varepsilon_{F,C} - \varepsilon_{F,V})$ stellt sich als das chemische Potential μ_γ der emittierten Photonen heraus. Bei

---

[1] P. Würfel, J. Phys. C, **15** (1982) 3967

der Anwendung auf Solarzellen, bei deren Betrieb ($\varepsilon_{F,C} - \varepsilon_{F,V}$) einige kT kleiner ist als der Bandabstand ε_G, ist aber Gl.(3.58) eine sehr gute Näherung.

3.6.2 Strahlungslose Rekombination

Prinzipiell muß die bei der Rekombination eines Elektrons und eines Lochs frei werdende Energie von anderen Teilchen aufgenommen werden. Bei der strahlungslosen Rekombination sind das primär andere Elektronen oder Löcher (Auger-Rekombination) oder Phononen (Störstellen-Rekombination).

3.6.2.1 Auger-Rekombination

Die Auger-Rekombination ist die Umkehr der Stoßionisation, bei der ein Elektron oder Loch mit großer kinetischer Energie ein anderes Elektron aus seiner Bindung schlägt, also ein Elektron und ein Loch erzeugt. In der Umkehrung übernimmt ein Elektron oder ein Loch die bei der Rekombination frei werdende Energie als kinetische Energie, die anschließend durch Stöße mit Phononen an das Gitter abgegeben wird. Abb.3.17 zeigt diesen Prozeß der Auger-Rekombination schematisch.

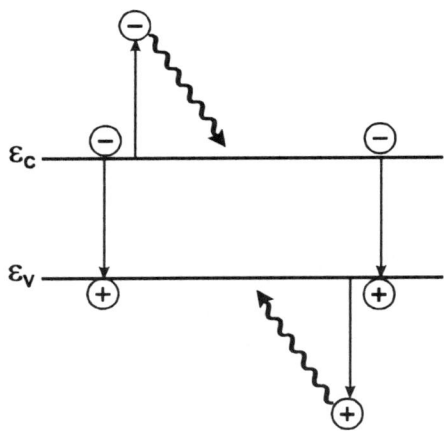

Abb. 3.17 Bei der Auger-Rekombination übernimmt ein Elektron oder ein Loch die bei der Rekombination frei werdende Energie und dissipiert sie anschließend durch Stöße mit dem Gitter.

Nimmt ein Elektron die Energie auf, dann sind 2 Elektronen und 1 Loch an der Reaktion beteiligt. Die Rekombinationsrate ist dann

$$R_{Aug,e} = C_e \, n_e^2 \, n_h$$

und ist groß bei starker n-Dotierung.
Bei Aufnahme der Rekombinationsenergie durch ein Loch ist die Rekombinationsrate

$$R_{Aug,h} = C_h\, n_e\, n_h^2.$$

Sie ist groß in stark p-dotiertem Material. Beide Raten treten neben einander auf.
In Silizium haben die Konstanten den Wert

$$C_e(Si) \approx C_h(Si) \approx 1\cdot 10^{-30}\, \frac{cm^6}{s}.$$

In einer pn-Solarzelle sind starke Dotierungen notwendig. Für diese Struktur ist die Auger-Rekombination ein kaum vermeidbarer Verlust, und sie macht sich bei den besten Silizium-Solarzellen als Begrenzung des Wirkungsgrads bereits bemerkbar.

3.6.2.2 Störstellen-Rekombination

Bei der Störstellen-Rekombination spielen besonders die Störstellen eine Rolle, die den Elektronen Zustände mit Energien ungefähr in der Mitte der verbotenen Zone bieten. Sie fangen Elektronen und Löcher über eine Reihe von angeregten Zuständen mit sukzessiver Energieabgabe ein. Da die Rekombinationsenergie so in kleinen Portionen durch Erzeugung einzelner Phononen an das Gitter abgegeben werden kann, wird der strahlungslose Übergang eines Elektrons vom Leitungsband ins Valenzband sehr erleichtert. Für die Rekombinationsrate, mit der Elektronen aus dem Leitungsband verschwinden, gilt

$$R_{e,St} = \sigma_{e,St} \cdot v_e \cdot n_e \cdot n_{h,St}. \tag{3.60}$$

Darin ist $n_{h,St}$ die Dichte der Rekombinationspartner, nämlich der mit einem Loch besetzten Störstellen. $\sigma_{e,St}$ ist ihr Einfangquerschnitt für Elektronen und hat Werte in der Größenordnung von 10^{-15} cm². n_e ist die Dichte der Elektronen und v_e deren Geschwindigkeit.
Die Rekombinationsrate der Löcher schreibt sich entsprechend

$$R_{h,St} = \sigma_{h,St} \cdot v_h \cdot n_h \cdot n_{e,St}. \tag{3.61}$$

Für die gleiche Störstelle haben die Parameter verschiedene Werte für Elektronen und Löcher.
Da eine Störstelle weder Elektronen noch Löcher anhäufen kann, bedeutet der Rekombinationsprozeß den abwechselnden Einfang von Elektronen und Löchern. Die Raten $R_{e,St}$ und $R_{h,St}$ sind also gleich.
Im Gleichgewicht mit der 300 K Umgebungsstrahlung, in dem $n_e^0\, n_h^0 = n_i^2$ ist, und die Generation von Elektronen durch Photonen von der strahlenden Rekombination kompensiert wird, werden auch die strahlungslosen Rekombinationsprozesse durch ihre Umkehrungen, strahlungslose Generationsprozesse, ausgeglichen, bei denen Elektronen über Zustände in der Energielücke, oder seltener, auch direkt vom Valenzband ins Leitungsband durch Absorption von Phononen angeregt werden.

Rekombination über Störstellen ist in realen Solarzellen der vorherrschende Rekombinationsprozeß. Deshalb soll er ausführlich behandelt werden.

In den Gleichungen (3.60) und (3.61) ist die Besetzung der Störstellen unbekannt und damit die Konzentration der Elektronen in den Störstellen $n_{e,St}$ oder der Löcher $n_{h,St}$. Wenn die Energie der Elektronen in den Störstellen ε_{St} zwischen den Quasi-Fermi-Energien liegt, ist die Besetzung der Störstellen durch keine der beiden Fermi-Verteilungen festgelegt. Die Besetzung ist vielmehr durch die Kinetik bestimmt.[2]

Wir untersuchen als Beispiel eine einzige Sorte von Akzeptor-artigen Störstellen der Konzentration N_{St} mit bekannter Elektronenenergie ε_{St} und bekannten Einfangquerschnitten $\sigma_{e,St}$ für Elektronen und $\sigma_{h,St}$ für Löcher in einem homogen angeregten Halbleiter unter offenen Klemmen, wo die Elektronen und Löcher am gleichen Ort und mit der gleichen Rate rekombinieren, wie sie erzeugt werden (Divergenz der Teilchenströme gleich Null). Außer der Rekombination über Störstellen wird kein weiterer Rekombinationsmechanismus berücksichtigt.

Die zeitliche Änderung der Elektronenkonzentration (im Leitungsband) n_e ist durch die Generationsrate der Absorption von Photonen $G_e = G_h = G = \alpha j_\gamma$, durch die Rekombinationsrate des Einfangs in mit Löchern besetzte Störstellen und durch die thermische Emissionsrate aus mit Elektronen besetzten Störstellen gegeben

$$\frac{\partial n_e}{\partial t} = G - \sigma_{e,St} v_e n_e (N_{St} - n_{e,St}) + \beta_e n_{e,St} \ . \quad (3.62)$$

Darin ist $n_{e,St}$ die Dichte der mit Elektronen besetzten Störstellen und β_e ein noch unbekannter Emissionskoeffizient. Für die Löcher (im Valenzband) gilt entsprechend

$$\frac{\partial n_h}{\partial t} = G - \sigma_{h,St} v_h n_h n_{e,St} + \beta_h (N_{St} - n_{e,St}) . \quad (3.63)$$

Die zeitliche Änderung der Dichte der mit Elektronen besetzten Störstellen ist

$$\frac{\partial n_{e,St}}{\partial t} = \sigma_{e,St} v_e n_e (N_{St} - n_{e,St}) - \beta_e n_{e,St} - \sigma_{h,St} v_h n_h n_{e,St} + \beta_h (N_{St} - n_{e,St}) . \quad (3.64)$$

Das sind drei Gleichungen für die drei unbekannten Konzentrationen n_e, n_h und $n_{e,St}$, (die noch nicht bekannten Emissionskoeffizienten β_e und β_h werden gleich bestimmt). Leider sind die drei Gleichungen nicht linear unabhängig, so folgt z.B. die dritte Gleichung aus der Differenz der zweiten und der ersten Gleichung. Die fehlende weitere Gleichung gewinnen wir aus der Bedingung, daß sich auch bei Veränderung der einzelnen Konzentrationen die Ladungsneutralität des Halbleiters nicht ändern darf.

$$e(n_D^+ - n_e + n_h - n_{e,St}) = 0 \quad (3.65)$$

In dieser Gleichung kommt zum Ausdruck, daß die Störstellen Akzeptor-artig sind. Für Donator-artige Störstellen müßte ($-n_{e,St}$) durch ($N_{St} - n_{e,St}$) ersetzt werden.

Für die Bestimmung der Emissionskoeffizienten benutzen wir das detaillierte Gleichgewicht, das im thermischen und chemischen Gleichgewicht mit der Umgebungsstrahlung vorliegt. Nach Gl.(3.62) ist bei fehlender externer Anregung ($G = 0$) und im stationären Zustand

---

[2] W. Shockley, W.T. Read, Phys.Rev., **87** (1952) 835
R.N. Hall, Phys.Rev., **83** (1951) 228

Rekombination von Elektron-Loch Paaren

$$\frac{\partial n_e}{\partial t} = -\sigma_{e,St} v_e n_e (N_{St} - n_{e,St}) + \beta_e n_{e,St} = 0 \qquad (3.66)$$

Wir rechnen aus Gl.(3.66) die Dichte der mit Elektronen besetzten Störstellen aus, deren Zusammenhang mit der Lage der Fermi-Energie wir im Dunkeln kennen.

$$n_{e,St} = N_{St} \frac{1}{\dfrac{\beta_e}{\sigma_{e,St} v_e n_e} + 1} = N_{St} \frac{1}{\exp\left(\dfrac{\varepsilon_{St} - \varepsilon_F}{kT}\right) + 1} \qquad (3.67)$$

Mit $n_e = N_C \exp[-(\varepsilon_C - \varepsilon_F)/kT]$ finden wir daraus für den Emissionskoeffizienten von Elektronen ins Leitungsband

$$\beta_e = \sigma_{e,St} v_e N_C \exp\left(-\frac{\varepsilon_C - \varepsilon_{St}}{kT}\right), \qquad (3.68)$$

und für den Emissionskoeffizienten von Löchern ins Valenzband mit der gleichen Überlegung

$$\beta_h = \sigma_{h,St} v_h N_V \exp\left(-\frac{\varepsilon_{St} - \varepsilon_V}{kT}\right). \qquad (3.69)$$

Die Elektronen und Löcher haben auch bei Belichtung wegen der schnellen Thermalisierung die gleiche Energieverteilung und Geschwindigkeit wie im Dunkeln, der Unterschied liegt nur in der bei Belichtung größeren Konzentration. Die Einfangquerschnitte und die Emissionskoeffizienten haben deswegen im Dunkeln und bei Belichtung die gleichen Werte.

Damit sind mit den Gleichungen (3.62) bis (3.65) die Konzentrationen der Elektronen, der Löcher und der besetzten (und natürlich auch unbesetzten) Störstellen als Funktion der externen Generationsrate G von Elektronen und Löchern festgelegt und zwar nicht nur im stationären Zustand. Die Lösung dieses Gleichungssystems ist allerdings nur numerisch möglich. Für ein analytisches Resultat wollen wir uns auf einen einfachen Fall beschränken, nämlich einen p-dotierten Halbleiter mit kleiner Störstellendichte, bei schwacher Anregung, im stationären Zustand.

Aus Gl.(3.64) finden wir noch ohne Einschränkung für die Dichte der mit Elektronen besetzten Störstellen

$$n_{e,St} = N_{St} \frac{\sigma_{e,St} v_e n_e + \sigma_{h,St} v_h N_V \exp[-(\varepsilon_{St} - \varepsilon_V)/kT]}{\sigma_{e,St} v_e \{n_e + N_C \exp[-(\varepsilon_C - \varepsilon_{St})/kT]\} + \sigma_{h,St} v_h \{n_h + N_V \exp[-(\varepsilon_{St} - \varepsilon_V)/kT]\}}.$$

(3.70)

Dieses Ergebnis, das für sich genommen nicht wichtig ist, setzen wir ein in Gl.(3.62) und erhalten

$$G = \frac{n_e n_h - n_i^2}{\dfrac{n_e + N_C \exp(-(\varepsilon_C - \varepsilon_{St})/kT)}{N_{St} \sigma_{h,St} v_h} + \dfrac{n_h + N_V \exp(-(\varepsilon_{St} - \varepsilon_V)/kT)}{N_{St} \sigma_{e,St} v_e}} \qquad (3.71)$$

Auf der linken Seite steht die Generationsrate sowohl der Elektronen als auch der Löcher. Also steht im stationären Zustand auf der rechten Seite die gleich große Rekombinationsrate der Elektronen wie der Löcher. Darin ist $N_{St}\, \sigma_{h,St}\, v_h$ die Einfangrate pro Loch, wenn alle Störstellen mit Elektronen besetzt sind. Ihr Kehrwert ist die Zeit $\tau_{h,\infty}$, die ein Loch im Valenzband im Mittel bis zu seinem Einfang „lebt", wenn **alle** Störstellen mit Elektronen besetzt sind. Ebenso ist $\tau_{e,\infty} = 1/(\,N_{St}\,\sigma_{e,St}\,v_e)$ die mittlere Lebensdauer eines Elektrons bis zu seinem Einfang, wenn **alle** Störstellen mit Löchern besetzt sind. Die so definierten „Lebensdauern" stellen untere Grenzen für die tatsächlichen Lebensdauern dar, wenn die Störstellen nur teilweise besetzt sind.

Wir teilen die Ladungsträgerdichten in die im Dunkeln vorhandenen und die durch Belichtung erzeugten auf, $n_e = n_e^0 + \Delta n_e$ und $n_h = n_h^0 + \Delta n_h$. Aus der Ladungsneutralität in Gl.(3.65) folgt für kleine Störstellendichte $N_{St} \ll \Delta n_e, \Delta n_h$, daß die Zusatzkonzentrationen gleich sind, $\Delta n_e = \Delta n_h = \Delta n$. Weiter wollen wir uns auf schwache Anregung, das heißt $\Delta n \ll n_e^0 + n_h^0$ beschränken. Mit diesen Einschränkungen finden wir aus Gl.(3.71) für nicht zu verschiedene Einfangquerschnitte

$$\Delta n = G \left\{ \tau_{h,\infty} \frac{n_e^0 + N_C \exp[-(\varepsilon_C - \varepsilon_{St})/kT]}{n_e^0 + n_h^0} + \tau_{e,\infty} \frac{n_h^0 + N_V \exp[-(\varepsilon_{St} - \varepsilon_V)/kT]}{n_e^0 + n_h^0} \right\} \quad (3.72)$$

Für p-dotiertes Silizium mit $n_h^0 = N_A$ ist in Abb.3.18 das Verhältnis $\Delta n/G$, das gleich der mittleren Lebensdauer τ bei Störstellenrekombination ist, als Funktion von ε_{St} dargestellt.

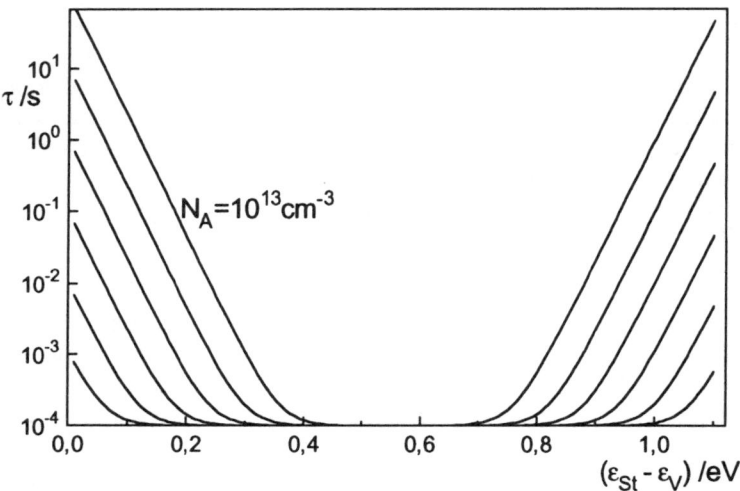

Abb. 3.18 Lebensdauer τ von Elektronen und Löchern in p-dotiertem Silizium bei Störstellenrekombination als Funktion der Elektronenenergie der Störstelle ε_{St}, gemessen vom Oberrand des Valenzbands. Die Akzeptorendichte wächst für die Kurven von innen nach außen von $N_A = 10^{13}\,\text{cm}^{-3}$ jeweils um den Faktor 10 bis zu $N_A = 10^{18}\,\text{cm}^{-3}$.

Dabei wurde $\tau_{e,\infty} = \tau_{h,\infty} = 10^{-4}$s gesetzt, was sich für Störstellen der Dichte $N_{St} = 10^{12}$/cm^3 mit einem Einfangquerschnitt für Elektronen und Löcher von jeweils $\sigma = 10^{-15}$cm^2 bei einer Geschwindigkeit von $v = 10^7$cm/s ergibt. Man sieht, daß die Lebensdauer umso kleiner ist, die Rekombination umso effektiver, je näher das Energieniveau der Störstelle an der Mitte der verbotenen Zone liegt. Liegen die Störstellen in der Nähe des Leitungsbands, dann sind sie meist nicht mit Elektronen besetzt, eingefangene Elektronen werden viel häufiger wieder ins Leitungsband zurückemittiert, als durch Einfang eines Lochs aus dem Valenzband vernichtet. Bei einer Lage in der Nähe des Valenzbands sind Störstellen meist mit Elektronen besetzt, eingefangene Löcher werden wieder ins Valenzband emittiert, bevor sie mit einem anschließend eingefangenen Elektron rekombinieren. In der Mitte der verbotenen Zone ist die Besetzung mit Elektronen und Löchern gleich wahrscheinlich. Sowohl Elektronen wie Löcher finden dann genügend freie Plätze zum Einfang in die Störstellen. Man erkennt auch, welche extremen Anforderungen an die Reinheit gestellt sind, um, wie für gute Silizium-Solarzellen benötigt, Lebensdauern von einigen Millisekunden zu erzielen.

3.6.2.3 Oberflächenrekombination

Viele Zustände mit Energien in der verbotenen Zone, über die die strahlungslose Rekombination sehr effektiv ist, gibt es besonders an den Oberflächen, wo den Gitterato-

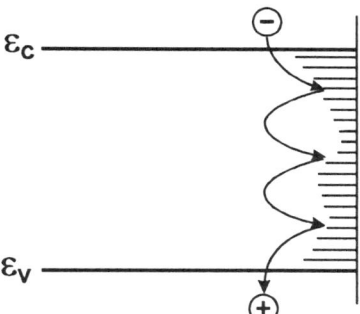

Abb. 3.19 Rekombination über kontinuierlich über der Energie verteilte Oberflächenzustände

men die Nachbarn fehlen, und wo Fremdatome (z.B. O_2) adsorbiert sind. Diese sogenannten Oberflächenzustände haben meist Energien mit kontinuierlicher Verteilung in der verbotenen Zone, wie in Abb.3.19 gezeigt ist.
Die Rekombinationsrate z.B. der Elektronen ist dafür

$$\Delta R_{Obfl,e} = \sigma_{Obfl,e} \cdot v_e \cdot n_{Obfl,h} \cdot \Delta n_e. \tag{3.73}$$

Hierin ist $\Delta R_{Obfl,e}$ die bei Belichtung zusätzlich auftretende Rekombinationsrate der Elektronen pro Fläche und $n_{Obfl,h}$ die Zahl der mit einem Loch besetzten Oberflächenzustände pro Fläche. $\sigma_{Obfl,e} \cdot v_e \cdot n_{Obfl,h}$ hat daher die Dimension einer Geschwindigkeit und wird als Oberflächenrekombinationsgeschwindigkeit $v_{R,e}$ der Elektronen bezeichnet. Sie ist charakteristisch für die Oberflächenqualität.

$$\Delta R_{Obfl,e} = v_{R,e} \cdot \Delta n_e \tag{3.74}$$

Wie Störstellen im Inneren eines Halbleiters sind auch Oberflächenzustände mit Elektronenenergien in der Mitte der verbotenen Zone am effektivsten für die Rekombination. Die modellmäßige Behandlung, auf die hier verzichtet wird, erfolgt ganz analog zu der Rekombination über Störstellen im Inneren eines Halbleiters im vorigen Abschnitt. Über die chemische Natur von Oberflächenzuständen und ihre Elektronenenergien ist viel weniger bekannt als bei Störstellen im Inneren. Meist muß man ihre Charakterisierung auf die Oberflächenrekombinationsgeschwindigkeit beschränken.

Schlechte Oberflächen mit großen Oberflächenrekombinationsgeschwindigkeiten von $10^5 - 10^6$ cm/s sind schon solche, die frei der Luft ausgesetzt sind, H_2O und O_2 adsorbieren oder damit chemisch reagieren.

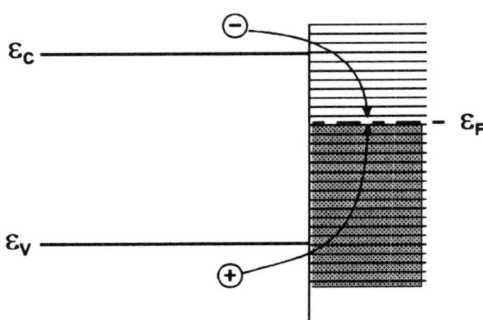

Abb. 3.20 Die Zustandsverteilung am Halbleiter - Metall Kontakt hat eine große Oberflächen-Rekombinationsgeschwindigkeit zur Folge

Besonders problematisch sind metallisierte Oberflächen, die man als Kontakte für die Auskopplung eines elektrischen Stroms benötigt. Wie Abb.3.20 zeigt, grenzt hier an die verbotene Zone des Halbleiters die kontinuierliche Verteilung der Zustände im Leitungsband des Metalls.

In guter Näherung kann man die Oberflächenrekombinationsgeschwindigkeit am Metallkontakt als $v_{R,Metall} \approx \infty$ ansehen. Die dadurch bedingte unendlich große Rekombinationsrate wird im Dunkeln durch eine ebenfalls unendlich große Generationsrate kompensiert. Da jede zusätzliche Generation durch Belichtung dagegen zu vernachlässigen ist, hat das zur Folge, daß auch bei zusätzlicher Generation die Konzentrationen der

Elektronen und Löcher nicht von ihren Gleichgewichtswerten im Dunkeln $n_e^0 n_h^0 = n_i^2$ abweichen.

Gute Oberflächen lassen sich bei Silizium durch sorgfältige Oxidation unter sauberen Bedingungen herstellen. Es werden an Si/SiO$_2$-Grenzflächen Oberflächenzustandsdichten von $D_{Obfl} < 10^{10}/(\text{cm}^2\text{eV})$ erreicht mit Rekombinationsgeschwindigkeiten von $v_R \leq 10$ cm/s.

Eine so perfekte Passivierung der Oberfläche ist nur für Si/SiO$_2$ und für die Kombination einiger III-V-Verbindungen mit gleicher Gitterkonstanten erreichbar. Trotzdem sorgt der Kontakt mit einem anderen als Deckschicht aufgebrachten Halbleiter meist für kleinere Oberflächenrekombinationsgeschwindigkeiten als die nackte Oberfläche oder der Kontakt mit einem Metall. Damit Rekombination an der Oberfläche der Deckschicht unbedeutend bleibt, dürfen in ihr keine Elektron-Loch Paare erzeugt werden. Für passivierende Deckschichten werden deshalb Halbleiter mit großem Bandabstand ($\varepsilon_G > 3$eV) gewählt, die im Sichtbaren transparent sind und als Fensterschichten bezeichnet werden.

3.6.3 Lebensdauer

Wegen der Rekombination „lebt" ein erzeugter Ladungsträger in seinem Band nicht beliebig lang. Wird die Erzeugung von Elektronen und Löchern durch Absorption von Licht plötzlich abgeschaltet, dann verschwinden die Ladungsträger nach einer mittleren Lebensdauer τ. Die Kontinuitätsgleichung sagt uns wieder, wie:

$$\frac{\partial n_e}{\partial t} = G_e - R_e - \text{div } j_e .$$

Wir wollen uns auf den stromlosen Zustand (div $j_e = 0$) beschränken und die Konzentrationen und Raten aufteilen in solche, die zum Gleichgewicht mit $n_e^0 n_h^0 = n_i^2$ gehören, und solche, die durch Abweichungen davon verursacht sind.

$$\frac{\partial (n_e^0 + \Delta n_e)}{\partial t} = G_e^0 + \Delta G_e - (R_e^0 + \Delta R_e). \quad (3.75)$$

Da $\frac{\partial n_e^0}{\partial t} = G_e^0 - R_e^0 = 0$ ist, als Kennzeichnung des Gleichgewichts im Dunkeln, gilt für die Zusatzkonzentration der Elektronen

$$\frac{\partial \Delta n_e}{\partial t} = \Delta G_e - \Delta R_e .$$

Bei plötzlichem Abschalten von ΔG_e haben wir im Fall der strahlenden Rekombination

$$\frac{\partial \Delta n_e}{\partial t} = -\Delta R_e = -B n_h \Delta n_e . \quad (3.76)$$

In dieser Gleichung ist vorausgesetzt, daß sich die Generation abschalten läßt, weil sie nur von Photonen herrührt, die von außen einfallen. Nicht berücksichtigt wird die Reabsorption von Photonen, die bei der strahlenden Rekombination emittiert werden. Die

Gleichung gilt daher nur für kleine Dicken des Halbleiters. Bei Berücksichtigung der Reabsorption der erzeugten Photonen in dicken Körpern klingt die Elektronendichte durch strahlende Rekombination umso langsamer ab je dicker der Körper ist.
Die Gleichung (3.76) läßt sich leicht integrieren für die Elektronen in einem hochdotierten p-Leiter, in dem wegen der starken p-Dotierung die Löcherdichte $n_h = n_h^0 + \Delta n_h \approx n_h^0$ praktisch nicht von der Belichtung abhängt. Diesen Fall, in dem die Zusatzkonzentrationen klein gegen die Majoritätsträgerkonzentration im Dunkeln sind, nennt man „schwache Anregung" oder „schwache Injektion". Er ist bei Solarzellen in unfokussierter Sonnenstrahlung erfüllt. Aus Gl.(3.76) ergibt sich dann

$$\Delta n_e(t) = \Delta n_e(0) \exp(-t/\tau_{e,strahlend}) \tag{3.77}$$

mit der charakteristischen Zeit $\tau_{e,strahlend} = 1/(Bn_h^0)$, die als Lebensdauer (der Minoritätsladungsträger, hier: der Elektronen) bei strahlender Rekombination bezeichnet wird.
In p-Silizium mit einer typischen Löcherdichte von $n_h = 10^{16}/cm^3$ ist die Lebensdauer der Elektronen gegenüber strahlender Rekombination

$$\tau_{e,strahlend} = \frac{1}{3 \cdot 10^{-15} \frac{cm^3}{s} \cdot \frac{10^{16}}{cm^3}} = 0.03\, s.$$

Mit der Lebensdauer kann die Rekombinationsrate allgemein auch geschrieben werden als

$$\Delta R_e = \Delta n_e / \tau_e.$$

Das plötzliche Einschalten von ΔG_e aus dem Gleichgewichtszustand hat zur Folge

$$\Delta n_e(t) = \Delta G_e \cdot \tau_e \{1 - \exp(-t/\tau_e)\}. \tag{3.78}$$

Die sich durch die Belichtung bildende stationäre Zusatzkonzentration von Elektronen ist

$$\Delta n_e = \Delta G_e \cdot \tau_e. \tag{3.79}$$

Für die strahlungslose Rekombination ist ebenso $\Delta R_e = \Delta G_e = \Delta n_e / \tau_e$ und also

$$\tau_e = \frac{1}{\sigma_{Stör,e} \cdot v_e \cdot n_{Stör,h}}. \tag{3.80}$$

Diese Lebensdauer ist in Abb.3.18 als Funktion der Lage des Störstellenniveaus gezeigt.

Wenn die Dichte der Rekombinationspartner sich zeitlich ändert, ändert sich auch die Lebensdauer mit der Zeit und man spricht von der momentanen Lebensdauer.
Alles was für die Elektronen in einem p-Leiter gesagt wurde, gilt entsprechend für die Löcher in einem n-Leiter und allgemein für die jeweiligen Minoritätsladungsträger.

Durch Übergänge zwischen Valenz- und Leitungsband werden Elektronen und Löcher paarweise erzeugt, also ist $\Delta G_e = \Delta G_h$. Sind in einem Halbleiter nur Donatoren oder Akzeptoren, die bei Zimmertemperatur sowieso schon vollständig ionisiert sind, und

Rekombination von Elektron-Loch Paaren

sonst nur vernachlässigbar wenig Störstellen, deren Ladung sich durch Belichtung ändert, dann ist aus Gründen der Ladungserhaltung $\Delta n_e = \Delta n_h$ und also auch $\tau_e = \tau_h$.
Das ist ein überraschendes Ergebnis, weil sich ohne zusätzliche Anregung in einem dotierten Halbleiter Elektronen- und Löcherdichten ja sehr stark unterscheiden.
Die verschiedenen Rekombinationsprozesse laufen in einem Halbleiter neben einander ab. Die gesamte Rekombinationsrate ergibt sich als Summe der Raten der einzelnen Rekombinationsmechanismen. Sind diese einzeln durch die Lebensdauern τ_i gekennzeichnet, die die Elektronen und Löcher hätten, wenn kein anderer Rekombinationsprozeß existierte, dann ergibt sich die Gesamtlebensdauer τ_{ges} wegen $R_{ges} = \dfrac{\Delta n_e}{\tau_{e,ges}} = \sum R_i = \sum \dfrac{\Delta n_e}{\tau_i}$ zu

$$\frac{1}{\tau_{ges}} = \sum_i \frac{1}{\tau_i}.$$

Wenn keine Elektron-Loch Paare entnommen werden, also im Leerlauf, müssen alle erzeugten Ladungsträger auch rekombinieren, und es ist $\Delta G_e = \Delta R_e = \Delta n_e / \tau_{e,ges}$. Die Zusatzkonzentration der Elektronen Δn_e, die sich im stationären Zustand einstellt, ist umso größer, je größer ihre Lebensdauer ist. Die Lebensdauer der Elektronen ist nach oben begrenzt durch $\tau_{e,strahlend}$, wenn alle Rekombinationsmechanismen außer der nicht vermeidbaren strahlenden Rekombination vermieden werden. Da die maximal erreichbaren Konzentrationen von Elektronen und Löchern sich bei strahlender Rekombination einstellen, ist die Kenntnis der strahlenden Rekombination und der dabei emittierten Photonenströme so wichtig für die Bestimmung von maximalen Wirkungsgraden.

4 Umwandlung von Wärmestrahlung in chemische Energie

Mit den Erkenntnissen des vorangegangenen Kapitels können wir nun berechnen, wie groß die chemische Energie der Elektron-Loch Paare bei Belichtung ist. Diese chemische Energie kann z.B. in Farbstoffen wie dem Chlorophyll weitere chemische Reaktionen in Gang setzen. Das ermöglicht in der Photosynthese eine dauerhafte Energiespeicherung.

Die chemische Energie pro Elektron-Loch Paar ist die Summe der elektrochemischen Potentiale

$$\eta_e + \eta_h = \mu_e + \mu_h = \varepsilon_{F,C} - \varepsilon_{F,V}.$$

Ihr Wert ist nach Gl.(3.29)

$$\mu_e + \mu_h = \varepsilon_{F,C} - \varepsilon_{F,V} = kT \ln\left(\frac{n_e n_h}{n_i^2}\right).$$

Zerlegen wir die Teilchendichten wieder in Dunkel- und Zusatzdichten $n_e = n_{e,0} + \Delta n_e$ und beziehen uns auf einen p-Halbleiter mit $n_h \approx n_h^0$ (schwache Anregung), dann finden wir

$$\mu_e + \mu_h = kT \ln\left(1 + \frac{\Delta n_e}{n_e^0}\right). \tag{4.1}$$

Das bedeutet, daß bei schwacher Anregung die chemische Energie pro Elektron-Loch Paar allein durch die Änderung des chemischen Potentials der Minoritätsladungsträger (hier: der Elektronen) oder die Änderung ihrer Fermi-Energie gebildet wird.

4.1 Maximaler Wirkungsgrad für die Erzeugung chemischer Energie pro Elektron-Loch Paar

Wir wollen untersuchen, unter welchen Bedingungen das Verhältnis von chemischer Energie der Elektron-Loch Paare $\mu_e + \mu_h$ zur aufgewandten Energie der Photonen maximal wird. Die dazu nötigen idealisierenden Annahmen sind

1. nur strahlende Rekombination
2. keine Entnahme von Elektronen und Löchern
3. Absorption und Emission nur monochromatisch mit der Mindestenergie $\hbar\omega = \varepsilon_G$ und Absorptionsgrad $a(\hbar\omega = \varepsilon_G) = 1$ für ein Intervall $d\hbar\omega$. Diese Bedingung können wir uns realisiert denken durch ein Filter, das den Halbleiter von der Außen-

Maximaler Wirkungsgrad für die Erzeugung chemischer Energie 75

welt trennt, und das nur für $\hbar\omega = \varepsilon_G$ durchlässig ist und alle anderen Photonen reflektiert.
4. maximale Generationsrate. Diese Bedingung wird erreicht, wenn sich der Halbleiter im Strahlungsgleichgewicht mit der Sonne befindet, also Absorption und Emission mit dem selben Raumwinkel auftreten.

Aus den Bedingungen 1 und 2 folgt, daß im stationären Zustand der emittierte Photonenstrom genauso groß sein muß wie der absorbierte Photonenstrom. Mit Gl.(2.32) und Gl.(3.56) bedeutet das

$$dj_{\gamma,emit} = \frac{\Omega_{emit}}{4\pi^3 \hbar^3 c^2} \frac{n_e n_h}{n_i^2} \frac{\varepsilon_G^2 \, d\hbar\omega}{\exp\left(\frac{\varepsilon_G}{kT_0}\right)-1} = \frac{\Omega_{abs}}{4\pi^3 \hbar^3 c^2} \frac{\varepsilon_G^2 \, d\hbar\omega}{\exp\left(\frac{\varepsilon_G}{kT_S}\right)-1} = dj_{\gamma,abs}.$$

Mit
$$\frac{n_e n_h}{n_i^2} = \exp\left(\frac{\varepsilon_{F,C}-\varepsilon_{F,V}}{kT_0}\right) = \exp\left(\frac{\mu_e+\mu_h}{kT_0}\right)$$

finden wir bei Vernachlässigung der „1" im Nenner der Planck-Formel, oder bei Benutzung des exakten Ausdrucks (3.59) für den emittierten Photonenstrom

$$\mu_e + \mu_h = \varepsilon_G\left(1-\frac{T_0}{T_S}\right) - kT_0 \ln\frac{\Omega_{emit}}{\Omega_{abs}}.$$

Mit Bedingung 4, unter der der Halbleiter Sonnentemperatur T_S erreichen würde, wenn wir seine Temperatur nicht auf $T = T_0$ festhalten würden, wo er also nur die Sonne oder sich selbst sieht, ist $\Omega_{emit} = \Omega_{abs}$. Die chemische Energie pro Elektron-Loch Paar ist dann maximal mit

$$\mu_e + \mu_h = \varepsilon_G\left(1-\frac{T_o}{T_S}\right), \tag{4.2}$$

und der Wirkungsgrad für die Umwandlung von Sonnenwärme in chemische Energie

$$\eta = \frac{\mu_e+\mu_h}{\varepsilon_G} = 1 - \frac{T_0}{T_S}$$

ist der Carnot-Wirkungsgrad, ein Grenzwert, den man für die Konversion von Wärme in eine andere Entropie-freie Energieform erhält, wenn der Konversionsprozeß reversibel, also ohne Entropieerzeugung abläuft.
Wir sehen, daß ein idealer Halbleiter, der nur strahlende Rekombination kennt, bei monochromatischem Betrieb ein idealer Konverter von Wärme in chemische Energie ist.

Man mag sich fragen, wo die chemische Energie bleibt, die in den Elektron-Loch Paaren steckt. Wir benutzen zur Beantwortung die Gibbs'sche freie Energie $F(T, V, N) = E(S, V, N) - TS$. In einem stabilen Zustand ist sie minimal. Mit Gl.(3.30) folgt

$$dF = -SdT - pdV + \eta_e dN_e + \eta_h dN_h + \mu_\gamma dN_\gamma = 0. \tag{4.3}$$

Aus dem Gleichgewicht der Reaktion für die Photonenemission $e + h \leftrightarrow \gamma$, das im obigen Beispiel vorliegt, folgt

$$-dN_e = -dN_h = dN_\gamma.$$

Halten wir noch die Temperatur und das Volumen des Halbleiters konstant, dann ist entsprechend der Reaktionsgleichung

$$e + h \Leftrightarrow \gamma$$

$$\eta_e + \eta_h = \mu_e + \mu_h = \mu_\gamma.$$

Die chemische Energie wird vollständig von den emittierten Photonen abgeführt. Strahlung mit einem chemischen Potential $\mu_\gamma \neq 0$ nennt man Lumineszenzstrahlung, die wir von Lumineszenzdioden her kennen.

Unter Bedingungen, unter denen genauso viel Photonen in den gleichen Raumwinkel mit der gleichen Energie emittiert werden, wie absorbiert werden, bleibt der Energiestrom unverändert. Daß die absorbierten Photonen $\mu_\gamma = 0$ und $T = T_S$ haben, die emittierten aber $\mu_\gamma = \varepsilon_G \left(1 - \dfrac{T_0}{T_S}\right)$ und $T = T_0$, sieht man der monochromatischen Strahlung nicht an.

4.2 Maximal nutzbarer Strom chemischer Energie

Der Prozeß, bei dem alle chemische Energie mit den Photonen emittiert wird, ist eigentlich nutzlos. Uns interessiert mehr, wieviel chemische Energie mit den Elektron-Loch Paaren entnommen werden kann. Aus der Kontinuitätsgleichung für die Elektronen bei stationären Bedingungen

$$\frac{\partial n_e}{\partial t} = G_e - R_e - \operatorname{div} j_e = 0$$

sehen wir, daß

$$\operatorname{div} j_e = G_e - R_e \qquad (4.4)$$

gerade die Rate angibt, mit der Elektronen einem Volumenelement entnommen werden, weil mehr aus ihm herausfließen als hinein, wenn $G_e > R_e$.

Es können also nur dann Elektronen entnommen werden, wenn weniger rekombinieren als erzeugt werden. Das ist nur zu erreichen durch eine Verringerung ihrer Dichte oder der ihrer Rekombinationspartner. Um die Lösung des Problems einfach zu halten, nehmen wir an, daß die Elektronen (und Löcher) homogen im Halbleiter verteilt sind, entweder, weil die Generationsrate überall gleich ist, was schwache Absorption voraussetzt, oder, weil sich die Elektronen (und Löcher) wegen großer Beweglichkeit und langer Lebensdauer gleichmäßig verteilen. Wir finden den insgesamt entnommenen Strom j_e der Elektronen durch Integration von Gl.(4.4) über das Volumen des Halbleiters, wobei wir uns wieder auf nur strahlende Rekombination beschränken

$$j_e = \int G_e \, dx - \int R_e \, dx$$

$$j_e = j_{\gamma,abs} - j_{\gamma,em}. \qquad (4.5)$$

Die gleiche Beziehung gilt für die Löcher.
Die Bestimmung des Elektronenstroms bei starker Absorption und inhomogener Verteilung geschieht in Kapitel 6.
Mit der Abhängigkeit des emittierten Photonenstroms von $\mu_e + \mu_h$ ist der entnehmbare Elektronenstrom

$$j_e = j_{\gamma,abs} - j_\gamma^0 \cdot \frac{n_e n_h}{n_i^2} = j_{\gamma,abs} - j_\gamma^0 \exp\left(\frac{\mu_e + \mu_h}{kT}\right). \qquad (4.6)$$

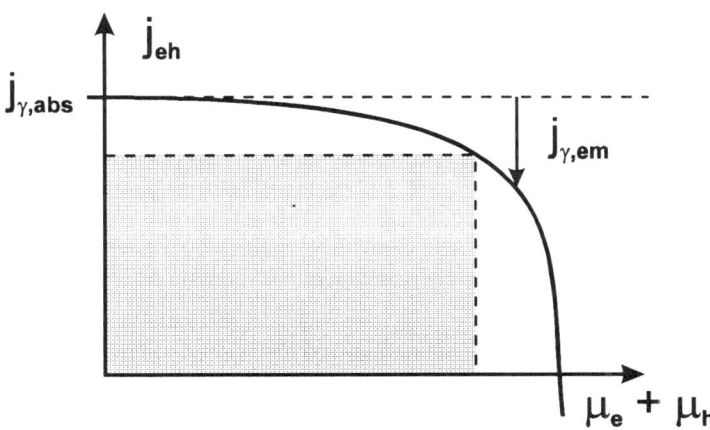

Abb. 4.1 Entnehmbarer Strom von Elektron-Loch Paaren als Funktion ihrer chemischen Energie $\mu_e + \mu_h$

Bei gegebenem $j_{\gamma,abs}$ ist der entnommene Strom der Elektronen und Löcher $j_{e,h}$ als Funktion der mit ihnen entnommenen chemischen Energie in Abb. 4.1 gezeigt. Wir sehen, daß bei kleinem Wert von $\mu_e + \mu_h$ praktisch keine Photonen emittiert werden, und alle von den absorbierten Photonen erzeugten Elektronen und Löcher entnommen werden können. Der entnommene Strom chemischer Energie ist

$$j_\mu = j_{e,h} \cdot (\mu_e + \mu_h).$$

Sein maximaler Wert ist das größte Rechteck, das man zwischen der Kurve und den Achsen unterbringt. Wir können damit zwar ausrechnen, wieviel chemische Energie aus Sonnenenergie von einem photochemischen Konverter abgegeben werden kann, wir haben aber noch keine Vorstellung, mit Hilfe welcher Vorrichtungen diese Energie entnommen wird.

5 Antrieb zur Umwandlung von chemischer Energie in elektrische Energie

Wenn Elektronen und Löcher paarweise an derselben Stelle entnommen werden, dann ist damit kein Ladungsstrom verbunden, weil ein Elektron-Loch Paar ja ungeladen ist. Elektrische Energieströme sind an Ladungsströme gebunden. Wir müssen also Elektronen an einer Stelle A und Löcher an einer anderen Stelle C entnehmen, oder besser, sie müssen herausgedrückt werden, denn sie sollen ja noch in einem angeschlossenen Verbraucher Arbeit leisten. Dabei fließt ein Ladungsstrom (ein Strom positiver Ladung) innerhalb der Solarzelle von A nach C.

Wir lernen noch mehr über die dazu notwendige Struktur, wenn wir fordern, daß die Anschlüsse, letztlich Metallkontakte, auch funktionieren, wenn sie nicht belichtet sind, oder wie ein Metall, bei Belichtung die gleichen Eigenschaften haben wie im Dunkeln.

Beim Fließen der Elektronen zur Stelle A und der Löcher zur Stelle C soll, um Irreversibilitäten zu vermeiden, die Entropie pro Teilchen nicht anwachsen. Um diesen Punkt klar herauszustellen, wollen wir den belichteten Halbleiter B, in dem die Elektronen und Löcher durch Absorption des Lichts erzeugt werden, rechts und links so an je einen unbelichteten Halbleiter anschließen, daß die gerade aufgestellten Forderungen erfüllt sind. Es ergibt sich die Anordnung der Abb. 5.1. Der unbelichtete Halbleiter A auf der linken Seite, über den die Elektronen herausfließen sollen, muß ein n-Leiter sein, weil nur dann die Entropie pro Elektron auf diesem Weg nicht zunimmt. Der unbelichtete Halbleiter B auf der rechten Seite, über den die Löcher herausfließen sollen, muß aus dem gleichen

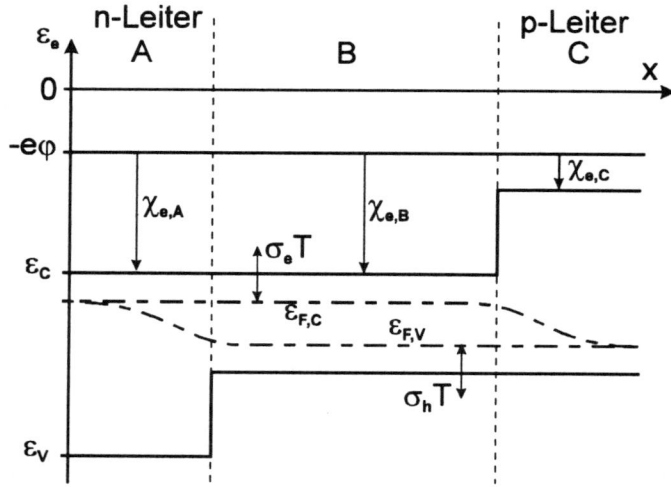

Abb. 5.1 Struktur zur Entnahme von Elektronen und Löchern als Ladungsstrom bei Erhaltung der Entropie der Elektronen auf dem Weg nach links und der Entropie der Löcher auf dem Weg nach rechts

Grund ein p-Leiter sein. Wir sehen allerdings auch, daß für Löcher, die nach links, und für Elektronen, die nach rechts fließen, die Entropie pro Teilchen stark zunimmt. Um das Fließen in diese „falschen" Richtungen zu verhindern, werden semipermeable Membranen gebraucht, die nach links nur Elektronen durchlassen und nach rechts nur Löcher. Diese Membranen sind hier versuchsweise realisiert durch einen Sprung im Leitungsband, der als Barriere das Fließen der Elektronen nach rechts verhindern soll und durch einen Sprung im Valenzband als Barriere für die Löcher auf dem Weg nach links.

Die Richtungen „rechts" und „links" sind nicht wörtlich zu nehmen. Es sind damit nur die Richtungen von Transporten der Elektronen oder der Löcher zu verschiedenen Stellen, an denen sie herausfließen sollen, gemeint. Diese Stellen können z.B. auch auf einer Fläche nebeneinander liegen, wenn sie mit unterschiedlichen Membranen einen selektiven Transport zulassen.

Um zu verstehen, ob in der Struktur der Abb.5.1 Elektronen und Löcher überhaupt fließen und wohin, müssen wir uns jetzt überlegen, was der Antrieb für ihre Bewegung ist.

5.1 Transport von Elektronen und Löchern

Elektronen haben viele „Henkel", an denen Kräfte angreifen können. An ihrer Masse greift der Gradient des Gravitationspotentials an, an ihrer Ladung der Gradient des elektrischen Potentials, an ihrer Entropie der Gradient der Temperatur, an ihrer Menge der Gradient des chemischen Potentials. Die Gravitationskraft ist vernachlässigbar klein, und der Einfachheit halber schließen wir auch Temperaturgradienten aus. Obwohl wir schon wissen, daß beim Austausch von Elektronen oder Löchern Ladung und Teilchenmenge gekoppelt sind, und darum auch die Kräfte, die an ihnen angreifen, wollen wir die Auswirkung der Kräfte zuerst einmal einzeln erörtern, indem wir annehmen, daß jeweils nur eine der beiden Kräfte von Null verschieden ist. Wir behalten aber im Gedächtnis, daß die an der Ladung und an der Menge angreifenden Kräfte beide auf dieselben Teilchen wirken und deshalb zu einer resultierenden Kraft zusammengefaßt werden müssen, die die Teilchen antreibt.

5.1.1 Feldstrom

Das elektrische Feld $E = -\,\mathrm{grad}\,\varphi$ ist der Antrieb, der an der Ladung angreift. Es ist der einzige Antrieb für den Ladungsstrom der Elektronen und Löcher, wenn ihre Konzentration ortsunabhängig ist. Dann ist z.B. für Elektronen auch $\mu_e = \mu_{e,0} + kT \ln\left(\dfrac{n_e}{N_C}\right)$ ortsunabhängig und $\mathrm{grad}\,\mu_e = 0$, der Antrieb für den noch zu behandelnden Diffusionsstrom. Abb 5.2 zeigt die Ortsabhängigkeit der Elektronen-Energien. Der Abstand der Fermi-Energie $\varepsilon_{F,C}$ vom Leitungsband ε_C ist unabhängig vom Ort, weil die Konzentration der Elektronen als überall gleich vorausgesetzt wurde.

Die Dichte des Ladungsfeldstroms der Teilchensorte i ist

$$j_{QF,i} = z_i\, e\, n_i <v_i>. \tag{5.1}$$

80   5. Antrieb zur Umwandlung von chemischer Energie in elektrische Energie

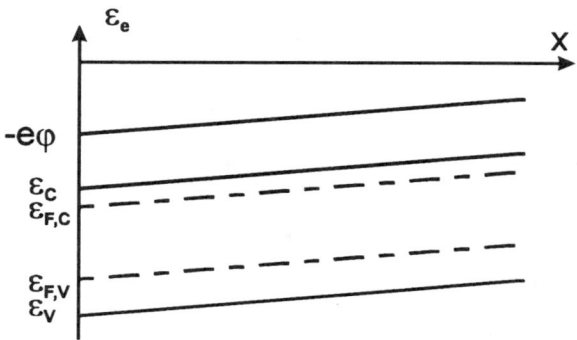

Abb. 5.2   Elektronen-Energien im elektrischen Feld bei ortsunabhängiger Elektronen-Konzentration

Die Teilchen der Konzentration n_i bewegen sich mit der mittleren Geschwindigkeit $<v_i>$ und führen die Ladung $z_i \cdot e$ mit. Da der Mittelwert der thermischen Geschwindigkeit v_{th} ohne elektrisches Feld Null ist, ist $<v_i>$ der Mittelwert der Zusatzgeschwindigkeit im elektrischen Feld, die Driftgeschwindigkeit, die klein ist gegen v_{th}.
Die Ladungsträger stoßen bei ihrer thermischen Bewegung im Mittel nach einer mittleren freien Weglänge gegen Hindernisse (Phononen und Störstellen).
Die mittlere Zeit $\tau_{S,i}$ zwischen zwei Stößen heißt Stoßzeit. Im elektrischen Feld ist die Bewegung zwischen den Stößen beschleunigt mit der Beschleunigung $a_i = z_i\, eE/m_i^*$. Wegen der exponentiellen Verteilung der Zeiten zwischen zwei Stößen, einige Teilchen stoßen erst nach viel längerer Zeit als τ_S, ist die mittlere Geschwindigkeit

$$<v_i> = \int_0^\infty a_i \exp(-t/\tau_{S,i})\, dt = a_i \cdot \tau_{S,i}\,,$$

also

$$<v_i> = z_i \frac{e}{m_i^*} \tau_{S,i}\, E\,. \tag{5.2}$$

$b_i = \dfrac{e}{m_i^*} \tau_{S,i}$ nennt man die Beweglichkeit der Teilchensorte i.
Die Dichte des Feldstroms ist damit

$$j_{QF,i} = z_i^2\, e\, n_i\, b_i\, E = \sigma_i\, E\,.$$

Darin ist $\sigma_i = z_i^2\, e\, n_i\, b_i$ die Leitfähigkeit der Teilchensorte i. Mit $E = -\operatorname{grad}\varphi$ können wir den Ladungsstrom auch durch den Gradienten der elektrischen Energie pro Teilchen $z_i \cdot e \cdot \varphi$ ausdrücken

$$j_{QF,i} = -\frac{\sigma_i}{z_i\, e}\operatorname{grad}(z_i\, e\, \varphi)\,. \tag{5.3}$$

Für Elektronen ist das

$$j_{QF,e} = \frac{\sigma_e}{e} \operatorname{grad}(-e\varphi) \tag{5.4}$$

und für Löcher

$$j_{QF,h} = -\frac{\sigma_h}{e} \operatorname{grad}(e\varphi). \tag{5.5}$$

5.1.2 Diffusionsstrom

Wenn das elektrische Potential an jedem Ort gleich ist, also grad $\varphi = 0$, dann fließt bei ortsabhängiger Konzentration ein reiner Diffusionsstrom. Wie Abb.5.3 zeigt, ist in einem Halbleiter aus einheitlichem Material die Leitungsbandkante ε_C dann überall gleich. Der Abstand der Fermi-Energie $\varepsilon_{F,C}$ zum Leitungsband, der konzentrationsabhängige Anteil des chemischen Potentials, ist dagegen ortsabhängig.

In der üblichen Schreibweise des Fick'schen Gesetzes ist der damit gekoppelte Ladungsstrom

$$j_{QD,i} = z_i \cdot e \left(-D_i \operatorname{grad} n_i\right) \tag{5.6}$$

mit dem Diffusionskoeffizienten D_i. In dieser Schreibweise ist der Strom der Teilchensorte i nicht proportional zu ihrer Konzentration n_i und läßt deshalb nicht den Antrieb erkennen, der auf diese Konzentration von Teilchen wirkt. Das erreichen wir durch Umformen

$$j_{QD,i} = -z_i \, e \, n_i D_i \frac{\operatorname{grad} n_i}{n_i}.$$

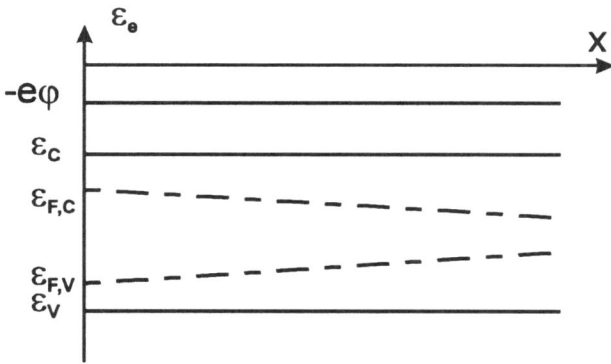

Abb. 5.3 Elektronen-Energien bei ortsabhängiger Konzentration der Elektronen ohne elektrisches Feld

Mit $\dfrac{\operatorname{grad} n_i}{n_i} = \operatorname{grad} \ln\left(\dfrac{n_i}{N_C}\right)$ und dem chemischen Potential $\mu_i = \mu_{i,0} + kT \ln \dfrac{n_i}{N_C}$ wird daraus

$$j_{QD,i} = -\frac{z_i e n_i D_i}{kT} \operatorname{grad} \mu_i.$$

Dieser Ausdruck gilt, anders als das Ficksche Gesetz, auch für eine inhomogene chemische Umgebung $(\operatorname{grad} \mu_{i,0} \neq 0)$.

Mit der sogenannten Einstein-Relation $\dfrac{D_i}{b_i} = \dfrac{kT}{e}$ erhalten wir schließlich

$$j_{QD,i} = -\frac{z_i e n_i b_i}{e} \operatorname{grad} \mu_i = -\frac{\sigma_i}{z_i e} \operatorname{grad} \mu_i. \qquad (5.7)$$

Das ist für Elektronen

$$j_{QD,e} = \frac{\sigma_e}{e} \operatorname{grad} \mu_e \qquad (5.8)$$

und für Löcher

$$j_{QD,h} = -\frac{\sigma_h}{e} \operatorname{grad} \mu_h. \qquad (5.9)$$

5.1.3 Gesamtladungsstrom

Wir haben den Feldstrom und den Diffusionsstrom so geschrieben, daß sie sich leicht zum Gesamtladungsstrom $j_{Q,i}$ der Teilchensorte i zusammenfassen lassen.

$$j_{Q,i} = -\frac{\sigma_i}{z_i e} \{ \operatorname{grad} \mu_i + \operatorname{grad}(z_i e \varphi) \} \qquad (5.10)$$

oder

$$j_{Q,i} = -\frac{\sigma_i}{z_i e} \operatorname{grad}(\mu_i + z_i e \varphi) = -\frac{\sigma_i}{z_i e} \operatorname{grad} \eta_i. \qquad (5.11)$$

Im Gradienten des elektrochemischen Potentials $\eta_i = \mu_i + z_i e \varphi$ haben wir die Einzelkräfte, die an der Teilchenzahl und an der Ladung angreifen, zu einer Gesamtkraft zusammengefaßt, die im allgemeinen Fall den Gesamtstrom ergibt, wenn sowohl die Konzentration der Teilchen, als auch die chemische Umgebung, als auch das elektrische Potential inhomogen sind.

Dieses Vorgehen ist ganz unüblich. In den meisten Büchern wird auch im allgemeinen Fall mit Feld- und Diffusionsströmen argumentiert, so, als ob es z.B. Elektronen gäbe, die nur das elektrische Feld spüren, und dafür andere, die nur zum Diffusionsstrom beitragen.

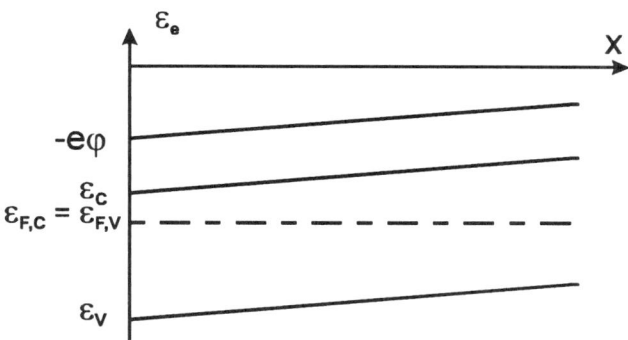

Abb. 5.4 Ortsunabhängige Fermi-Energie in einem Halbleiter, in dem sowohl ein elektrisches Feld als auch Konzentrationsgradienten von Elektronen und Löchern vorhanden sind

Da im Halbleiter nur Elektronen und Löcher als bewegliche Teilchen vorkommen, ist der Gesamtladungsstrom

$$j_Q = \frac{\sigma_e}{e}\operatorname{grad}\eta_e - \frac{\sigma_h}{e}\operatorname{grad}\eta_h, \qquad (5.12)$$

oder mit Hilfe der Quasi-Fermi-Energien, wobei $\varepsilon_{F,C} = \eta_e$ ist und $\varepsilon_{F,V} = -\eta_h$,

$$j_Q = \frac{\sigma_e}{e}\operatorname{grad}\varepsilon_{F,C} + \frac{\sigma_h}{e}\operatorname{grad}\varepsilon_{F,V}. \qquad (5.13)$$

Diese Beziehung gilt immer, wenn entweder ein elektrisches Feld oder ein Konzentrationsgradient, oder beide vorhanden sind.

Abb.5.4 zeigt ein Beispiel, in dem sowohl ein elektrisches Feld als auch ein Konzentrationsgradient vorhanden sind. Nach Gleichung Gl.(5.13) ist darin trotzdem der Ladungsstrom $j_Q = 0$, weil die Fermi-Energien ortsunabhängig sind. Eine getrennte Beschreibung der Auswirkung von Feld und Konzentrationsgradient kommt zu dem Resultat, daß ein Feldstrom fließt, der von einem entgegengesetzten, gleich großen Diffusionsstrom zu Null kompensiert wird. Für den Gesamtladungsstrom ergibt sich also das gleiche Resultat. Trotzdem ist die zugrunde liegende Vorstellung falsch, daß alle Elektronen und Löcher durch ihre vom Feld erzwungene Bewegung den Feldstrom erzeugen und gleichzeitig durch eine Bewegung in die entgegengesetzte Richtung den Diffusionsstrom. Daß Feld- und Diffusionsstrom einzeln und unabhängig von einander nicht existieren, sieht man sehr gut, wenn man die Energiedissipation betrachtet, die Erzeugung Joule'scher Wärme, die mit jedem Stromfluß wegen der Streuung der Ladungsträger verbunden ist.

Die Energiedissipation pro Volumen de/dt ist proportional zur Teilchen-Stromdichte und zum Antrieb. Für den Feldstrom ist damit nach Gl.(5.3)

$$\frac{de}{dt} = \frac{j_{QF,i}}{z_i e} \cdot \left(-\operatorname{grad}(z_i e \varphi)\right) = j_{QF,i}^2 / \sigma_i,$$

84   5. Antrieb zur Umwandlung von chemischer Energie in elektrische Energie

und für den Diffusionsstrom ist nach Gl.(5.7)

$$\frac{de}{dt} = \frac{j_{QD,i}}{z_i e} \cdot (-\mathrm{grad}\,\mu_i) = j_{QD,i}^2 / \sigma_i.$$

Wie erwartet, ist in beiden Fällen die Energiedissipation $de/dt > 0$, auch, wenn die Einzelströme einander entgegengerichtet sind.
Da der Gesamtstrom jeder Teilchensorte in unserem Beispiel aber Null ist, weil die Summe der Antriebe für jedes Elektron und jedes Loch verschwindet, gibt es in Wirklichkeit keine Energiedissipation. Das zeigt, daß Feld- und Diffusionsstrom als Einzelströme gar nicht existieren, und nur die Darstellung des Gesamtstroms nach Gl.(5.13) richtig ist.

5.2 Separation der Elektronen und Löcher

Nachdem wir den Antrieb für die Bewegung der Elektronen und Löcher kennengelernt haben, kommen wir zum ursprünglichen Problem zurück, wie eine Struktur aussehen muß, in der durch Belichten ein Ladungsstrom erzeugt wird. Beginnen wir mit einem homogen belichteten, homogenen, n-dotierten Halbleiter, also einer Struktur, in der wegen ihrer Symmetrie keine Bevorzugung für den Transport von Elektronen in die eine Richtung und von Löchern in die entgegengesetzte Richtung vorhanden ist.
Die Abb.5.5 zeigt den Verlauf der Fermi-Energien zwischen den Bändern. Wegen einer angenommenen starken Oberflächen-Rekombination weichen die Konzentrationen von Elektronen und Löchern an den Oberflächen rechts und links trotz der Belichtung nicht von ihren Werten im Dunkeln ab. Die Fermi-Energien für Leitungs- und Valenzband, die

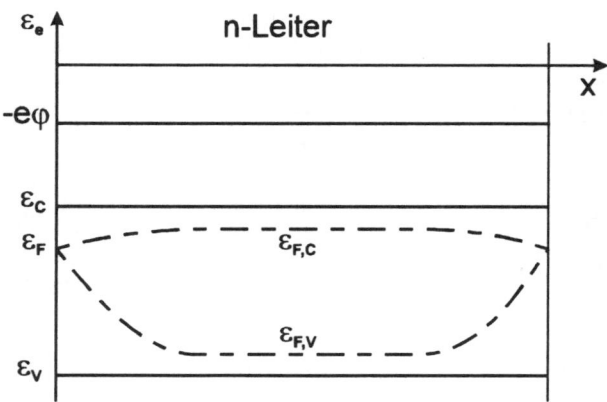

Abb. 5.5   Potentialverteilung in einem homogenen, homogen belichteten Halbleiter mit Oberflächen-Rekombination

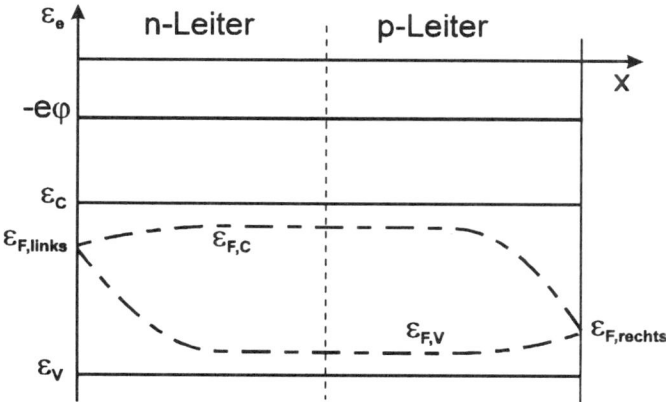

Abb. 5.6 Potentialverlauf in einer homogen belichteten pn-Halbleiter-Struktur

im Innern des Halbleiters verschieden sind, laufen daher an der Oberfläche zusammen. Daraus ergeben sich Gradienten beider Fermi-Energien, die Elektronen und Löcher zu beiden Oberflächen treiben, wo sie rekombinieren. Da, schon wegen der fehlenden Anschlüsse, kein Ladungsstrom fließen darf, müssen die Teilchenströme von Elektronen und Löchern zur selben Oberfläche gleich groß sein. Wegen der größeren Elektronenleitfähigkeit des betrachteten n-Leiters ist der Gradient der Fermi-Energie $\varepsilon_{F,C}$ für das Leitungsband nach Gl.(5.13) kleiner als der Gradient von $\varepsilon_{F,V}$. In einem p-Leiter wäre es gerade umgekehrt. Diese Erkenntnis führt uns zu dem Schluß, daß sich durch Ersetzen der n-Dotierung in der rechten Hälfte durch eine p-Dotierung aus der Bedingung, daß kein Ladungsstrom fließt, der Verlauf der Fermi-Energien in Abb.5.6 ergeben muß. Wir sehen, daß sich in einer belichteten pn-Anordnung ohne Ladungsstrom, also unter offenen Klemmen, eine Differenz der Fermi-Energien an den Oberflächen einstellt.
Der Verlauf der Fermi-Energien ist ähnlich wie (bei fließendem Ladungsstrom) in der Anordnung in Abb.5.1, die sich aus der Forderung ergeben hatte, die Entropieerzeugung beim Herausfließen von Elektronen nach links und von Löchern nach rechts zu vermeiden. Die Elektronen fließen nach links, wenn ihr elektrochemisches Potential, die Fermi-Energie $\varepsilon_{F,C}$ nach links abnimmt. Die Löcher fließen nach rechts, wenn ihr elektrochemisches Potential nach rechts abnimmt, die Fermi-Energie $\varepsilon_{F,V}$ nach rechts anwächst. Obwohl der Elektronenstrom nach links und der Löcherstrom nach rechts beide groß sind, sind die Gradienten der Fermi-Energien, $\varepsilon_{F,C}$ links und $\varepsilon_{F,V}$ rechts, klein, weil die Leitfähigkeiten der Elektronen im n-Leiter auf dem Weg nach links und der Löcher im p-Leiter auf dem Weg nach rechts groß sind.
Die wegen des Zusammenlaufens der Fermi-Energien an den Oberflächen (bei Solarzellen an den Metallkontakten) nicht zu vermeidenden Gradienten der Fermi-Energien des Valenzbands im n-Leiter links und des Leitungsbands im p-Leiter rechts können dagegen große Werte annehmen, weil die Löcherkonzentration im n-Leiter und die Elektronenkonzentration im p-Leiter und damit ihre Leitfähigkeiten dort sehr klein sind. Das ist in Abb.5.1 besonders ausgeprägt, weil wir für die unbelichteten Halbleiter links und rechts

einen größeren Bandabstand gewählt haben. Die Anordnung in Abb.5.1 stellt eine ideale Anordnung dar. Die Anordnung in Abb.5.6 ist dagegen weniger ideal, weil die Differenz der Fermi-Energien zwischen linker und rechter Oberfläche kleiner ist als die Aufspaltung im Innern. Die aus der Belichtung gewonnene chemische Energie pro Elektron-Loch Paar ($\varepsilon_{F,C} - \varepsilon_{F,V}$) kann von einem Verbraucher nicht voll genutzt werden. Das liegt an einer zu kleinen Dunkelkonzentration der Elektronen im n-Leiter und der Löcher im p-Leiter, zumindest an ihren Oberflächen. Dieser Punkt wird im nächsten Kapitel wieder aufgegriffen.

Die notwendige Voraussetzung für die Existenz von Gradienten der Fermi-Energien, die Ströme treiben können (ohne von außen angelegte Spannung), ist die Aufspaltung der Fermi-Energien. Da die Stromdichte der Elektronen und Löcher höchstens gleich der Stromdichte der absorbierten Photonen ist (in Si: $42\,\text{mA}/(\text{e cm}^2)$), ist bei üblichen Dotierungen von jeweils $(10^{16} - 10^{17})\,\text{cm}^{-3}$ im n- und p-Leiter nur ein sehr kleiner Gradient der Fermi-Energie der Majoritätsträger nötig. Trotz des Stromflusses bleibt von der Aufspaltung der Fermi-Energien noch ein großer Teil als Differenz der Fermi-Energien der Anschlüsse links und rechts übrig, aus der sich die Spannung U an den Klemmen der Solarzelle ergibt,

$$U = \frac{1}{e} \int_{links}^{rechts} \text{grad}\, \varepsilon_{F,C}\, dx. \qquad (5.14)$$

Genau so gut kann man über $\text{grad}\, \varepsilon_{F,V}$ integrieren, da in den Anschlüssen links und rechts jeweils $\varepsilon_{F,C} = \varepsilon_{F,V}$ ist.

Daß die Differenz zwischen den Fermi-Energien links und rechts $\Delta \varepsilon_F = eU$ ist, ergibt sich daraus, daß $\text{grad}\, \varepsilon_F$ als Antrieb für den Ladungsstrom natürlich auch im Außenkreis gilt, also z.B. in einem Voltmeter mit endlichem Innenwiderstand (einen unendlichen Innenwiderstand gibt es nicht). Die Anzeige des Voltmeters verschwindet erst, wenn in ihm $\text{grad}\, \varepsilon_F = 0$ oder an seinen Anschlüssen $\Delta \varepsilon_F = 0$ ist.

Wir merken uns, daß ein Voltmeter nicht Differenzen des elektrischen Potentials anzeigt, sondern Differenzen des elektrochemischen Potentials, und zwar der Elektronen, da das die einzigen in ihm beweglichen Teilchen sind.

5.3 Diffusionslänge der Minoritätsladungsträger

Unser Ziel ist, daß möglichst alle bei der Absorption der Photonen erzeugten Ladungsträger aus einer Solarzelle herausfließen. Leider ist die Existenz des Antriebs für den Ladungsstrom dafür allein noch nicht ausreichend. Da die Elektronen und Löcher nach ihrer Lebensdauer rekombinieren, ist es wichtig, wie weit sie in dieser Zeit kommen. Als Transportmechanismus kommt wie bei der Struktur in Abb.5.1 nur die Diffusion in Frage. Das in dem noch zu behandelnden pn-Übergang vorhandene Feld ist auf einen zu kleinen Bereich lokalisiert.

Weil es sich leichter vorstellen läßt, wollen wir wie in Abb.5.7 Elektronen mit der Stromdichte j_e als Minoritätsladungsträger in x-Richtung in einen p-Leiter injizieren. In y- und z-Richtung sei das System weit ausgedehnt und homogen. Dabei soll sich der p-

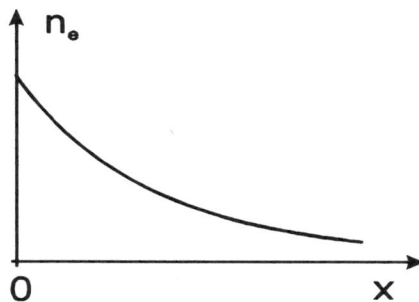

Abb.5.7 Konzentrationsverteilung der Elektronen bei der Diffusion als Minoritätsladungsträger in einen p-Leiter

Leiter nicht negativ aufladen. Wir werden im nächsten Abschnitt sehen, daß die mit den Elektronen injizierte Ladung durch Umordnung der Löcher sehr schnell beseitigt ist, ohne daß dadurch die Elektronen als Teilchen beseitigt werden.

Wir benutzen für die stationäre Verteilung in x-Richtung der zusätzlichen injizierten Elektronen die Kontinuitätsgleichung

$$\frac{\partial n_e}{\partial t} = G_e - R_e - \mathrm{div}\, j_e = 0. \tag{5.15}$$

Für den Teilchen-Diffusionsstrom gilt

$$j_e = -D_e \frac{dn_e}{dx}. \quad \text{und} \quad \mathrm{div}\, j_e = -D_e \frac{d^2 n_e}{dx^2}$$

Im p-Leiter ist $\quad G_e = G_e^0 = \dfrac{n_e^0}{\tau_e} \quad$ und $\quad R_e = \dfrac{n_e(x)}{\tau_e} = \dfrac{n_e^0}{\tau_e} + \dfrac{\Delta n_e(x)}{\tau_e}.$

Damit wird aus der Dgl.(5.15)

$$-\frac{\Delta n_e(x)}{\tau_e} + D_e \frac{d^2 \Delta n_e(x)}{dx^2} = 0. \tag{5.16}$$

Die Lösung ist von der Form

$$\Delta n_e(x) = \Delta n_e(0) e^{-x/L_e}. \tag{5.17}$$

Die charakteristische Länge L_e ist die Diffusionslänge (hier der Elektronen). Durch Einsetzen in Gl.(5.16) finden wir

$$L_e = \sqrt{D_e \cdot \tau_e}. \tag{5.18}$$

Für Elektronen in reinem Silizium ist $D_e = 35$ cm²/s. Bei einer Lebensdauer von z.B. $\tau_e = 10^{-6}$ s ist die Diffusionslänge $L_e = 60 \mu$m. In sehr sauberem Silizium werden Diffusionslängen der Elektronen von einigen mm erreicht.

88 5. Antrieb zur Umwandlung von chemischer Energie in elektrische Energie

Die Diffusionslänge ist die Strecke, die ein Ladungsträger im Mittel bei der Diffusion während seiner Lebensdauer zurücklegt. Es kommen also nur die Elektronen aus dem belichteten Bereich in Abb.5.1 bis zum n-Leiter, die innerhalb einer Diffusionslänge erzeugt werden.

Wenn die Elektronen einmal im n-Leiter sind, also in einem Gebiet, in dem der Ladungsstrom allein von Elektronen getragen wird, spielt ihre Rekombination für den Ladungstransport keine Rolle mehr. Sie rekombinieren zwar im n-Leiter, ihre Ladung wird durch die Rekombination aber nicht beseitigt. Sie wird von anderen Elektronen wegen des Gradienten der Fermi-Energie, der auf alle Elektronen wirkt, weiter transportiert. Rekombination reduziert den Ladungsstrom nur in den Gebieten, in denen die Elektronen und Löcher erzeugt werden.

5.4 Dielektrische Relaxation

Wir hatten im vorigen Paragraphen bei der Diffusion von Elektronen in einen gut leitenden n- oder p-Leiter die von der Ladung der Elektronen herrührende Ausbildung von Raumladung und ihre Rückwirkung auf den Transport der Elektronen vernachlässigt. Die Begründung dafür leiten wir her für ein hypothetisches System, einen sonst völlig homogenen Leiter mit Leitfähigkeit σ, in dem zum Zeitpunkt t = 0 lediglich eine Raumladung $\rho_Q(x)$ existiert, und untersuchen, wie diese über das von ihr erzeugte Feld durch den Ladungsstrom j_Q abgebaut wird.

Die Kontinuitätsgleichung für die Ladung lautet

$$\frac{\partial \rho_Q}{\partial t} = -\operatorname{div} j_Q. \tag{5.19}$$

Weil die Ladung unter allen Umständen erhalten bleibt, fehlen Erzeugungs- und Vernichtungsraten.

Über eine der Maxwell-Gleichungen ist ρ_Q mit der elektrischen Feldstärke E verknüpft

$$\operatorname{div} D = \varepsilon \varepsilon_0 \operatorname{div} E = \rho_Q. \tag{5.20}$$

Das elektrische Feld erzeugt einen Ladungsstrom $j_Q = \sigma \cdot E$, woraus folgt

$$\operatorname{div} j_Q = \sigma \operatorname{div} E + E \operatorname{grad} \sigma. \tag{5.21}$$

Wegen der vorausgesetzten Homogenität ist $\operatorname{grad} \sigma = 0$. Setzen wir Gl.(5.21) in Gl.(5.19) ein und ersetzen div E aus Gl.(5.20), dann ist

$$\frac{\partial \rho_Q}{\partial t} = -\sigma \operatorname{div} E = -\frac{\sigma}{\varepsilon \varepsilon_0} \rho_Q \tag{5.22}$$

mit der Lösung

$$\rho_Q(t) = \rho_Q(0) \exp\left(-\frac{t}{\frac{\varepsilon\varepsilon_0}{\sigma}}\right).\tag{5.23}$$

$\varepsilon\varepsilon_0/\sigma$ ist die sogenannte dielektrische Relaxationszeit. Ist sie klein gegen die Lebensdauer von Ladungsträgern, dann ist deren Bewegung im wesentlichen raumladungsfrei. In dem Beispiel der Diffusion von Elektronen in den p-Leiter der Abb.5.7 zieht ihre Ladung zur Ladungskompensation durch dielektrische Relaxation Majoritätsträger (Löcher) von den Kontakten in den p-Leiter hinein.

In n-Silizium mit einer Dotierung von 10^{17} cm^{-3}, einer Elektronenbeweglichkeit von $b_e = 1000$ cm^2/Vs und $\varepsilon = 12$ ist die dielektrische Relaxationszeit $\varepsilon\varepsilon_0/\sigma = 6\cdot 10^{-14}$ s und damit um viele Größenordnungen kleiner als die Lebensdauern.

5.5 Dember-Effekt

Zum Schluß dieses Kapitels soll ein Beispiel behandelt werden, das zeigt, wie wichtig es ist, zwischen elektrischen Potentialdifferenzen und elektrochemischen Potentialdifferenzen zu unterscheiden. Wir kehren zurück zu Abschnitt 5.1.2 und Abb.5.7, die die Verteilung von Ladungsträgern bei der Diffusion von der Oberfläche, wo sie erzeugt werden, ins Innere eines Halbleiters zeigt. In Abschnitt 5.1.2 wurde angenommen, daß es sich um die Diffusion von Minoritätsträgern handelt, wobei die Raumladung, die mit ihrer inhomogenen Verteilung verbunden ist, durch dielektrische Relaxation der Majoritätsträger beseitigt wird. Diese Vereinfachung lassen wir jetzt fallen. Wir betrachten jetzt die gleichzeitige Diffusion von Elektronen und Löchern, die in Konzentrationen, die groß gegen die Dunkelkonzentrationen sind, an der Oberfläche erzeugt werden, also bei starker Anregung. Von der Oberfläche diffundieren sie ins Innere. Haben die Elektronen den größeren Diffusionskoeffizienten, dann bewegen sie sich schneller und kommen weiter. Elektronen und Löcher trennen sich teilweise, es bildet sich eine Verteilung von Raumladung mit positiver Ladung der zurückbleibenden Löcher an der Oberfläche und negativer Ladung der Elektronen im Innern. Das von dieser Ladungsverteilung herrührende elektrische Feld ist so gerichtet, daß es die Bewegung von Löchern und Elektronen angleicht, die Elektronen bremst und die Löcher antreibt. Diese bei inhomogener starker Anregung auftretende Diffusion beider Ladungsträgerarten nennt man ambipolare Diffusion.

Im stationären Zustand unter offenen Klemmen verschwindet der Ladungsstrom, es stellt sich eine Verteilung der Elektronen und Löcher ein, bei der die Teilchenströme von Elektronen und Löchern unter stationären Bedingungen gleich sein müssen,

$$j_Q = eD_e \operatorname{grad} n_e - eD_h \operatorname{grad} n_h + (\sigma_e + \sigma_h)\cdot E = 0.\tag{5.24}$$

Das elektrische Feld mit der Feldstärke E, das die Bewegung der Elektronen ins Innere behindert und die Löcher antreibt, ist mit $D = b\,kT/e$

$$E = kT\,\frac{b_h \operatorname{grad} n_h - b_e \operatorname{grad} n_e}{\sigma_e + \sigma_h}.\tag{5.25}$$

90   5. Antrieb zur Umwandlung von chemischer Energie in elektrische Energie

Dieses Feld stammt von der Raumladung, also der Differenz der Konzentrationen von Löchern und Elektronen. Da kleine Raumladungen schon große Feldstärken bewirken, sind die von Belichtung und Diffusion herrührenden Verteilungen der Zusatzkonzentrationen von Elektronen und Löchern jedoch fast identisch. Mit der Näherung grad $n_e \approx$ grad n_h finden wir nach Erweiterung mit $e(b_e + b_h)$

$$E = \frac{kT}{e} \frac{b_h - b_e}{b_e + b_h} \frac{\text{grad}(\sigma_e + \sigma_h)}{\sigma_e + \sigma_h} = \frac{kT}{e} \frac{b_h - b_e}{b_e + b_h} \text{grad} \ln(\sigma_e + \sigma_h) \; . \tag{5.26}$$

Mit $E = -\text{grad}\varphi$ finden wir eine durch die Belichtung erzeugte elektrische Potentialdifferenz zwischen der Oberfläche (x = 0) und dem Inneren des Halbleiters (x = ∞), die sogenannte Dember-Spannung

$$\Delta\varphi_D = \varphi(0) - \varphi(\infty) = \frac{kT}{e} \frac{b_e - b_h}{b_e + b_h} \ln \frac{\sigma_e(0) + \sigma_h(0)}{\sigma_e(\infty) + \sigma_h(\infty)} \; . \tag{5.27}$$

Um das Wesen des Dember-Effekts richtig zu verstehen, betrachten wir den Fall, daß die Löcher unbeweglich ($b_h = 0$, $\sigma_h = 0$) sind. Die Dember-Spannung erreicht dann den maximalen Wert

$$\Delta\varphi_D = \frac{kT}{e} \ln \frac{n_e(0)}{n_e(\infty)} \; . \tag{5.28}$$

Für diesen Spezialfall sehen wir leicht, daß diese elektrische Potentialdifferenz nicht als elektrische Spannung meßbar ist. Bei unbeweglichen Löchern entspricht dem bei den offenen Klemmen einer Spannungsmessung verschwindenden Ladungsstrom ein verschwindender Elektronen-Teilchenstrom. Nach Gl.(5.12) hat dann das elektrochemische Potential der Elektronen η_e überall den gleichen Wert. Eine meßbare Spannung als Differenz elektrochemischer Potentiale tritt nicht auf. Abb.5.8 zeigt die Potentialverteilung. Die elektrische Potentialdifferenz in Gl.(5.28) kann direkt an den Abständen zwischen der Unterkante des Leitungsbands ε_C und der Fermi-Energie $\varepsilon_{F,C}$ in Abb.5.8 abgelesen werden. Ihr Wert setzt also voraus, daß die Fermi-Energie überall gleich groß ist, und

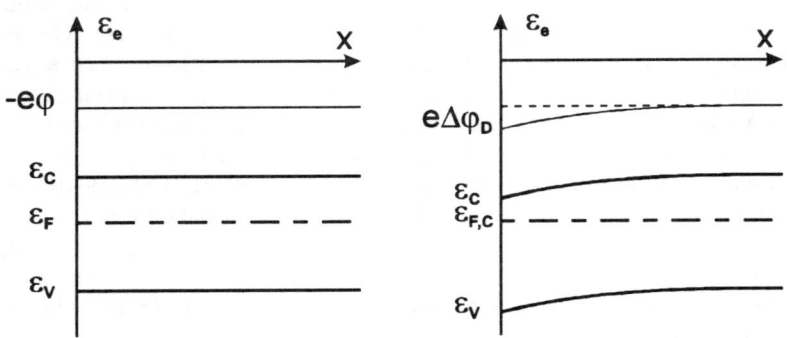

Abb. 5.8 Potentialverteilung (links) im Dunkeln und (rechts) bei Belichtung der freien linken Oberfläche eines Halbleiters, in dem nur die Elektronen beweglich sind

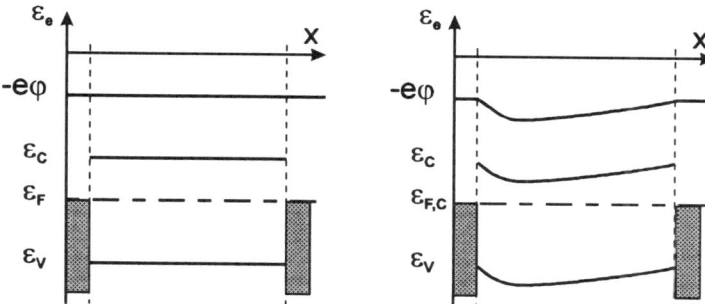

Abb. 5.9 Potentialverteilung in einem Halbleiter mit Metallkontakten, in dem nur die Elektronen beweglich sind, im Dunkeln (links) und bei Belichtung der linken Oberfläche (rechts).

keine Spannung meßbar ist.
Eine Dember-Potentialdifferenz tritt immer auf, wenn die Erzeugung von Elektronen und Löchern inhomogen ist und sie unterschiedlich gut diffundieren, ihre Beweglichkeiten also verschieden sind. Wie zu erwarten verschwindet sie, wenn Elektronen und Löcher gleiche Beweglichkeiten haben, und sie ist maximal, wenn eine Trägersorte unbeweglich ist.

Der Dember-Effekt verliert weiter an Bedeutung, wenn man ihn in einem Halbleiter mit Metallkontakten betrachtet. Ein Konzentrationsgradient, so wie in unserem Beispiel vorausgesetzt, kann sich nur an einer Oberfläche ausbilden, deren Rekombinationsgeschwindigkeit nicht besonders groß ist. Berücksichtigt man, daß Spannungen zwischen Metallkontakten gemessen werden, an denen wegen der großen Oberflächen-Rekombinationsgeschwindigkeit die Elektronen- und Löcherdichten auch bei Belichtung unverändert bleiben, dann ergibt sich für unbewegliche Löcher die Potentialverteilung in Abb. 5.9. Hierzu wurde die Erzeugung der Elektron-Loch Paare auf einen kleinen Bereich in der Nähe der Oberfläche ausgedehnt, um überhaupt Konzentrationsänderungen sehen zu können. Wieder sieht man elektrische Potentialdifferenzen zwischen Orten, von denen die Elektronen wegdiffundieren und Orten, zu denen sie hindiffundieren. Wegen der unveränderten Konzentrationen an den Metallkontakten erzeugt der Dember-Effekt zwischen den Metallkontakten jedoch bei nur einer beweglichen Ladungsträgersorte weder eine elektrische noch eine elektrochemische Potentialdifferenz.
Wir schließen aus der Behandlung des Dember-Effekts, daß es keine durch Belichtung hervorgerufene elektrochemische Potentialdifferenz gibt, wenn nur eine Sorte von Ladungsträgern beweglich ist und diese nach der Fermi-Statistik auf die Zustände verteilt sind. Diese Einschränkung auf die Fermiverteilung ist nötig, um die Photoemission von Elektronen aus Metallen ins Vakuum (oder in andere Medien), die meßbare Spannungen erzeugt, nicht mit einzuschließen.
Für eine Spannung, die von Fermi-verteilten Ladungsträgern herrührt, werden mindestens zwei verschiedene, bewegliche Trägersorten benötigt. Das gilt sehr allgemein. Bei Solarzellen sind das Elektronen und Löcher, bei einer Batterie sind das Elektronen und Ionen.

6 Die Struktur von Solarzellen

Im vorigen Kapitel war als notwendige Bedingung für die Konversion von chemischer Energie in elektrische Energie eine Anordnung gefunden worden, bei der auf einer Seite, auf die Löcher herausfließen sollen, eine große Löcherkonzentration vorhanden sein muß, um Entropieerzeugung zu vermeiden. Ebenso muß auf der anderen Seite, auf der die Elektronen herausfließen, eine große Elektronenkonzentration vorhanden sein. Wir wollen verschiedene Anordnungen, die diese Bedingungen erfüllen, besprechen. Besonders ausführlich untersuchen wir den pn-Übergang wegen seiner technischen Bedeutung und wegen seines Modellcharakters auch für andere Strukturen.

6.1 Elektrochemische Solarzelle

Ein sehr gutes Beispiel für die Realisation der geforderten Solarzellenstruktur mit Barrieren für Elektronen zur einen Seite und für Löcher zur anderen Seite ist die elektrochemische Solarzelle, deren Aufbau die Abb.6.1 zeigt.[1] Der "Halbleiter", in dem durch Absorption von Photonen Elektron-Loch Paare erzeugt werden, ist eine Farbstoffschicht.

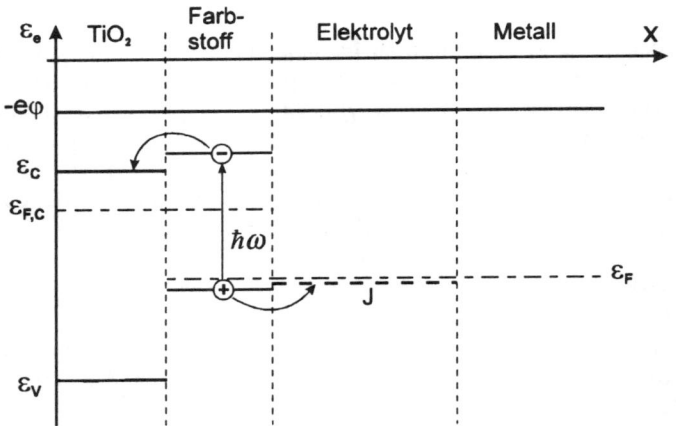

Abb. 6.1 Elektrochemische Solarzelle, in der die Elektron-Loch Paare in dem Farbstoff Rutheniumbipyridin erzeugt werden. Die Elektronen fließen nach links über den n-Leiter TiO_2 ab, die Löcher nach rechts über Jod-Ionen, mit denen der Elektrolyt Acetonitril dotiert ist.

---

[1] B. O'Reagan, M. Grätzel, Nature **353** (1991) 737

Da die Elektronen und Löcher in der Farbstoffschicht sehr kleine Beweglichkeiten haben, muß sie sehr dünn sein, damit die Ladungsträger die Kontakte erreichen können.
Der Farbstoff wird als nur monomolekulare Schicht auf gut n-leitendes TiO_2 aufgebracht. Die Abb.6.1 zeigt, daß im Farbstoff angeregte Elektronen ohne Schwierigkeiten ins Leitungsband des TiO_2 gelangen. Wegen des großen Bandabstands von TiO_2 von mehr als 3 eV finden die Löcher des Farbstoffs für den Übergang ins Valenzband des TiO_2 jedoch eine hohe Barriere vor.
Die für einen guten Ladungstransport im Farbstoff nötige monomolekulare Ausbildung der Farbstoffschicht hat allerdings den Nachteil, daß die Absorption der Photonen schlecht ist; ihre Eindringtiefe $1/\alpha$ ist groß gegen die Farbstoffdicke. Um diesen Nachteil zu beseitigen, wird die TiO_2-Schicht aus nur einige nm großen Kristalliten in einer porösen Struktur aufgebaut. Alle TiO_2-Partikel sind auf ihren freien Oberflächen mit Farbstoff beschichtet, so daß durch viele aufeinander folgende Farbstoffschichten eine vollständige Absorption der absorbierbaren Photonen erreicht wird.
Durch die poröse Struktur wird allerdings die Kontaktierung des Farbstoffs mit einem p-Leiter, über den die Löcher herausfließen können, sehr erschwert. Dieses Problem wird durch einen Elektrolyten gelöst, der in alle Poren dringt. Den Ladungstransport besorgen Jod-Ionen eines Jod-Redoxsystems (J^-/J_3^-). Die Energie eines Elektrons im J ist wenig verschieden von der Energie eines Elektrons im Grundzustand des Farbstoffs, so daß ein Herausfließen des Lochs vom Farbstoff in den Elektrolyten leicht möglich ist. Ein Herausfließen des angeregten Elektrons aus dem Farbstoff in den Elektrolyten ist dagegen nicht möglich, weil der Elektrolyt keine Zustände mit der Energie des angeregten Elektrons besitzt.

Diese elektrochemische Zelle erfüllt in fast idealer Weise die Bedingungen für den selektiven Transport der Elektronen nach links ins TiO_2 und der Löcher nach rechts in den Elektrolyten. Ob damit allerdings schon eine ideale, praktisch verwendbare Solarzelle gefunden ist, ist noch ungewiß. Die Absorption des Farbstoffs muß auf einen größeren Spektralbereich ausgedehnt werden; seine Stabilität über einen Zeitraum von 20 Jahren gegen Zersetzungsreaktionen und ein denkbares Auslaufen oder Austrocknen des Elektrolyten sind noch nicht geklärte Probleme.

6.2 Der pn-Übergang

Die im vorigen Kapitel besprochene optimale Struktur einer Solarzelle ist auch in kommerziellen Solarzellen aus kristallinem Silizium näherungsweise realisiert. Ein mit $N_A = (10^{15} - 10^{16})/cm^3$ nicht sehr hoch dotierter, etwa 300 μm dicker p-Bereich grenzt auf der dem Licht zugewandten Seite an eine weniger als 1 μm dünne, hoch dotierte n-Schicht und auf der Rückseite an eine ebenfalls dünne, hoch dotierte p-Schicht. Der pn-Übergang, in dessen Nähe die Elektronen und Löcher erzeugt werden, ist für die Solarzelle besonders wichtig; ihn wollen wir näher untersuchen.

6.2.1 Elektrochemisches Gleichgewicht der Elektronen im Dunkeln in einem pn-Übergang

Im Temperaturgleichgewicht mit der Umgebung, auch der 300 K Umgebungsstrahlung, darf in einem pn-Übergang ohne äußere Energiequelle kein Strom fließen. Also gilt

1. $\quad j_Q = 0$

und wegen des chemischen Gleichgewichts mit der 300 K Strahlung

2. $\quad \eta_e + \eta_h = \mu_\gamma = 0$

j_Q ist nach Gl.(5.12)

$$j_Q = \frac{\sigma_e}{e} \operatorname{grad} \eta_e - \frac{\sigma_h}{e} \operatorname{grad} \eta_h = 0.$$

Aus 2. folgt $\operatorname{grad} \eta_e = -\operatorname{grad} \eta_h$ und damit

$$j_Q = \frac{\sigma_e + \sigma_h}{e} \operatorname{grad} \eta_e = 0.$$

Da $\sigma_e + \sigma_h \neq 0$, ist $\operatorname{grad} \eta_e = 0$.

Damit hat das elektrochemische Potential der Elektronen η_e (wie auch das elektrochemische Potential der Löcher η_h) überall im pn-Übergang im Dunkeln denselben Wert. Das ist die Aussage des elektrochemischen Gleichgewichts von Elektronen im n-Gebiet mit Elektronen im p-Gebiet.

Insbesondere gilt für die elektrochemischen Potentiale, wenn ein hochgestelltes p Größen im p-Gebiet und ein hochgestelltes n Größen im n-Gebiet kennzeichnet,

$$\eta_e^p = \mu_{e,0}^p + kT \ln \frac{n_e^p}{N_C} - e\varphi^p = \eta_e^n = \mu_{e,0}^n + kT \ln \frac{n_e^n}{N_C} - e\varphi^n. \tag{6.1}$$

Da nur ein sehr kleiner Teil der Halbleiteratome durch Dotieratome ersetzt wurde, bleibt die chemische Umgebung für ein freies Elektron oder Loch, die den Wert von $\mu_{e,0}$ bestimmt, unverändert.

Mit $\mu_{e,0}^p = \mu_{e,0}^n$ wird die Differenz der elektrischen Potentiale von p-Leiter und n-Leiter

$$\varphi^n - \varphi^p = \frac{kT}{e} \ln \frac{n_e^n}{n_e^p}.$$

Mit $n_e^n = N_D$ und $n_e^p = \frac{n_i^2}{N_A}$ wird diese, auch Diffusionsspannung genannte, Potentialdifferenz

$$\varphi^n - \varphi^p = \frac{kT}{e} \ln \frac{N_D N_A}{n_i^2}. \tag{6.2}$$

Man kann sich diese Potentialdifferenz folgendermaßen zu Stande gekommen denken. Die noch räumlich getrennten und elektrisch neutralen p-Leiter und n-Leiter haben dasselbe elektrische Potential. Wegen des größeren chemischen Potentials der Elektronen im n-Leiter (der Löcher im p-Leiter) fließen beim Kontakt der beiden Diffusionsströme der

Elektronen vom n-Leiter in den p-Leiter und der Löcher vom p-Leiter in den n-Leiter. Das führt zur positiven Aufladung des n-Leiters und zur negativen des p-Leiters. Die Diffusionsströme fließen so lange, bis sich eine elektrische Potentialdifferenz $\varphi^n - \varphi^p$ ausgebildet hat, bei der $\eta_e^p = \eta_e^n$ ist, so daß mit $\mathrm{grad}\,\eta_e = 0$ und $\mathrm{grad}\,\eta_h = 0$ der Antrieb verschwindet und der Ladungsstrom zum Stillstand kommt.

Im elektrochemischen Gleichgewicht, in dem der Gradient der elektrischen Energie durch den Gradienten der chemischen Energie kompensiert wird, befinden sich die Elektronen und Löcher in der gleichen Lage wie die Moleküle in der Luft. Auf diese wirken auch zwei entgegen gerichtete Kräfte, die sich kompensieren, die Gravitationskraft nach unten und der Gradient des chemischen Potentials, hervorgerufen durch den Druckgradienten, nach oben. Die Bewegung, die die Moleküle wie die Elektronen und Löcher in diesem Kräftegleichgewicht noch machen, ist die ungeordnete Brownsche Molekularbewegung.

6.2.2 Potentialverlauf im pn-Übergang

Die Potentialdifferenz $\varphi^n - \varphi^p$ beruht auf dem elektrochemischen Gleichgewicht der Elektronen im n- und p-Gebiet. Über welchen Bereich sich die Potentialänderung im n-Leiter und im p-Leiter erstreckt, folgt aus der Verknüpfung mit der Ladungsverteilung. Aus der Maxwell-Gleichung

$$\mathrm{div}\,D = \rho_Q$$

folgt mit $D = \varepsilon\varepsilon_0 E$ und $E = -\mathrm{grad}\,\varphi$ die Poisson-Gleichung

$$\mathrm{div}\,E = -\mathrm{div}\,\mathrm{grad}\,\varphi = -\nabla^2\varphi = \frac{\rho_Q}{\varepsilon\varepsilon_0}. \tag{6.3}$$

Die Grenzfläche zwischen n- und p-Gebiet sei in y- und z-Richtung weit ausgedehnt. Das macht eine 1-dimensionale Behandlung möglich

$$\frac{d^2\varphi}{dx^2} = -\frac{\rho_Q}{\varepsilon\varepsilon_0}. \tag{6.4}$$

Im n-Gebiet ist die Raumladungsdichte

$$\rho_Q^n(x) = e\left(N_D^+ - n_e(x)\right) = eN_D^+\left(1 - \exp\left\{\frac{e[\varphi(x) - \varphi^n]}{kT}\right\}\right). \tag{6.5}$$

Diese Beziehung liest man am besten aus Abb.6.2 ab, die schematisch den Potentialverlauf und die Ladungsverteilung zeigt.

Leider ist mit dieser Raumladungsdichte die Poisson-Gleichung nur numerisch lösbar. Nach Schottky nähern wir die Ladungsverteilung durch räumlich konstante Raumladungsdichten, die sich über noch unbekannte Tiefen w_n ins n-Gebiet und w_p ins p-Gebiet erstrecken, wie in Abb.6.2 gezeigt.

$$\rho_Q^n = eN_D^+ \approx eN_D \quad \text{für} \quad -w_n < x \leq 0$$

$$\rho_Q^p = -eN_A^- \approx -eN_A \quad \text{für} \quad 0 \leq x < w_p.$$

6. Die Struktur von Solarzellen

Die Summe der Ladungen, $Q_n = e N_D w_n$ im n-Gebiet und $Q_p = -e N_A w_p$ im p-Gebiet, ist $Q_n + Q_p = 0$.
Damit ist

$$w_p = \frac{N_D}{N_A} w_n \tag{6.6}$$

und die Gesamtdicke der Raumladungszonen ist

$$w = w_n + w_p = \left(1 + \frac{N_D}{N_A}\right) w_n . \tag{6.7}$$

Die Integration der Poisson-Gleichung über ρ_Q^n im n-Gebiet ergibt für $-w_n < x \leq 0$

$$\varphi_n(x) = -\frac{e N_D}{2 \varepsilon \varepsilon_0}(x + w_n)^2 + \varphi^n , \tag{6.8}$$

und über ρ_Q^p im p-Gebiet für $0 \leq x < w_p$.

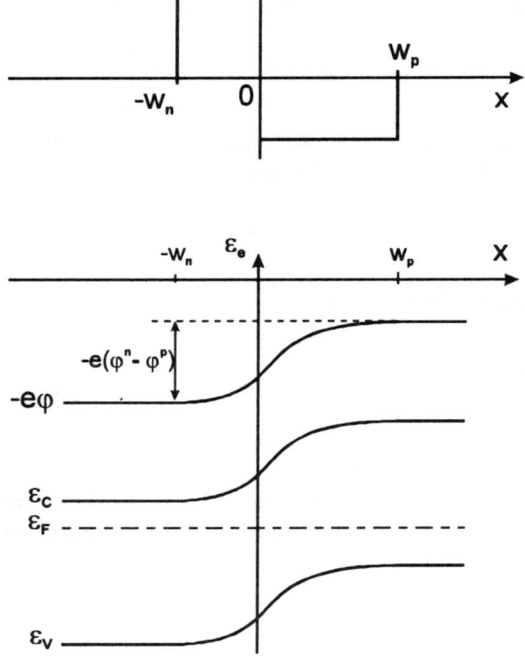

Abb. 6.2 Raumladungsverteilung und Potentialverlauf in einem pn-Übergang

$$\varphi_p(x) = \frac{e N_A}{2 \varepsilon \varepsilon_0} (x - w_p)^2 + \varphi^p. \tag{6.9}$$

Für die vorgegebene Ladungsverteilung ist das Potential überall stetig, auch bei x = 0. Aus $\varphi_n(0) = \varphi_p(0)$ folgt

$$\varphi^n - \varphi^p = \frac{e}{2 \varepsilon \varepsilon_0} \left(N_D w_n^2 + N_A w_p^2 \right). \tag{6.10}$$

Daraus läßt sich mit Hilfe von Gl.(6.6) und Gl.(6.7) die Gesamtdicke w des Raumladungsbereichs bestimmen, da ja $\varphi^n - \varphi^p$ durch das elektrochemische Gleichgewicht nach Gl.(6.2) bekannt ist

$$w = \sqrt{\frac{2 \varepsilon \varepsilon_0}{e} \frac{N_A + N_D}{N_A N_D} (\varphi^n - \varphi^p)}. \tag{6.11}$$

Für den unsymmetrischen pn-Übergang einer Si-Solarzelle mit $N_D = 10^{19}/cm^3$ und $N_A = 10^{16}/cm^3$ ist nach Gl.(6.6) die Raumladungszone im p-Gebiet viel dicker als im n-Gebiet. Ihre Ausdehnung w_p ist praktisch gleich der Gesamtdicke w, die für die angegebenen Dotierungen einen Wert von $w = 0.35$ μm hat. Über diese Strecke ändert sich das Potential nach Gl.(6.2) um $\varphi^n - \varphi^p = 0.9 V$. Zumindest für kristallines Silizium ist die Ausdehnung der Raumladungszonen vernachlässigbar klein gegen die Diffusionslängen.

Bei der Diskussion der für eine Solarzelle notwendigen Struktur war eine wichtige Bedingung, daß beim Abfluß der Elektronen in den n-Leiter und der Löcher in den p-Leiter die Entropie pro Elektron auf der n-Seite und die Entropie pro Loch auf der p-Seite nicht ansteigen dürfen. Daraus folgt, daß die Dichte der Elektronen im n-Leiter (der Löcher im p-Leiter) zumindest an der Grenzfläche zum Kontakt nicht kleiner sein darf als im Innern der Solarzelle. Wegen der großen Oberflächenrekombination am Metallkontakt ist dort die Elektronendichte auch bei Belichtung nur so groß wie im Dunkeln, also wie durch die Dotierung vorgegeben. Also muß die Dichte der Donatoren N_D größer oder gleich der Dichte der Elektronen n_e^p auf der p-Seite bei Belichtung sein, und entsprechend muß die Akzeptorendichte N_A größer als die Dichte der Löcher n_h^n auf der n-Seite bei Belichtung sein. Damit die Aufspaltung der Fermi-Energien auch als elektrische Spannung meßbar wird, muß also gelten

$$\varepsilon_{F,C} - \varepsilon_{F,V} = kT \ln \frac{n_e^p n_h^n}{n_i^2} \leq kT \ln \frac{N_D N_A}{n_i^2} = e(\varphi^n - \varphi^p). \tag{6.12}$$

Durch geeignete Dotierung muß die Potentialdifferenz im Dunkeln $\varphi^n - \varphi^p$ an die bei Belichtung zu erwartende chemische Energie pro Elektron-Loch Paar $\varepsilon_{F,C} - \varepsilon_{F,V}$ angepaßt werden.
In Abb.5.1 ist $e(\varphi^n - \varphi^p) = \varepsilon_{F,C} - \varepsilon_{F,V}$ gewählt worden, wodurch die elektrische Potentialdifferenz zwischen p- und n-Leiter bei Belichtung gerade verschwindet. In Abb.5.3 ist dagegen $e(\varphi^n - \varphi^p) < \varepsilon_{F,C} - \varepsilon_{F,V}$. Die elektrische Potentialdifferenz verschwindet auch in

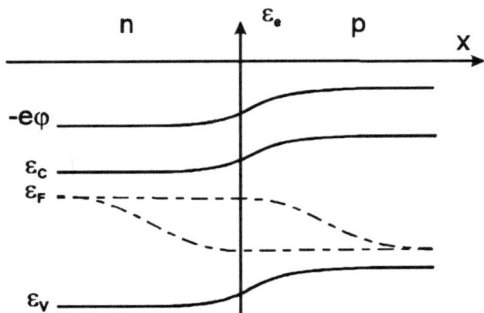

Abb. 6.3 Potentialverlauf in einer belichteten Solarzelle, in der die Diffusionsspannung $e(\varphi^n - \varphi^p) > \varepsilon_{F,C} - \varepsilon_{F,V}$ ist

diesem Fall bei der angenommenen Belichtung, aber die an den Kontakten zu messende Photospannung ist kleiner als die Differenz der Fermi-Energien im Innern der Zelle. Es wird chemische Energie vergeudet. In Abb.6.3 ist der Potentialverlauf für eine reichlich dotierte Zelle zu sehen, für die $e(\varphi^n - \varphi^p) > \varepsilon_{F,C} - \varepsilon_{F,V}$ ist, mit der die chemische Energie pro Elektron-Loch Paar vollständig in elektrische Energie umgesetzt wird.

6.2.3 Strom- Spannungskennlinie des pn-Übergangs

Beim Ladungsstrom durch einen pn-Übergang unterscheidet man die Durchlaßrichtung, bei der die Elektronen des n-Gebiets und die Löcher des p-Gebiets auf den pn-Übergang zufließen, von der Sperrichtung, bei der Elektronen und Löcher vom pn-Übergang wegfließen.

In der Durchlaßrichtung, im oberen Teil von Abb.6.4, kommen die Elektronen aus dem n-Gebiet und die Löcher aus dem p-Gebiet jeweils eine Diffusionslänge weit als Minoritätsträger ins entgegengesetzt-dotierte Gebiet und rekombinieren dabei. Außerhalb der Diffusionslängen wird wegen des jetzt auch bei Belichtung vorausgesetzten großen Konzentrationsunterschieds zwischen Majoritätsträgern und Minoritätsträgern (schwache Injektion) der Ladungsstrom im n-Leiter allein von Elektronen getragen und im p-Leiter allein von Löchern.

In der Sperrichtung, im unteren Teil von Abb.6.4, kommen Elektronen aus dem p-Gebiet und Löcher aus dem n-Gebiet. Da der Ladungsstrom im p-Gebiet ein reiner Löcherstrom ist, werden durch das p-Gebiet keine Elektronen transportiert. Die Elektronen, die aus dem p-Gebiet kommen, müssen dort erzeugt werden. Das n-Gebiet können aber nur die Elektronen erreichen, die nicht rekombinieren, die also innerhalb einer Diffusionslänge vom n-Gebiet entfernt erzeugt wurden. Genau so erreichen nur die Löcher, die innerhalb einer Diffusionslänge vom p-Gebiet entfernt erzeugt wurden, das p-Gebiet. Sowohl für die Durchlaßrichtung wie für die Sperrichtung wird die Ladung des Ladungsstroms innerhalb der Diffusionslängen von den Elektronen auf die Löcher umgeladen.

Daraus folgt z.B. für die Löcher, wenn wir den Sperrstrom (die Löcher fließen nach rechts) willkürlich negativ zählen

Der pn-Übergang

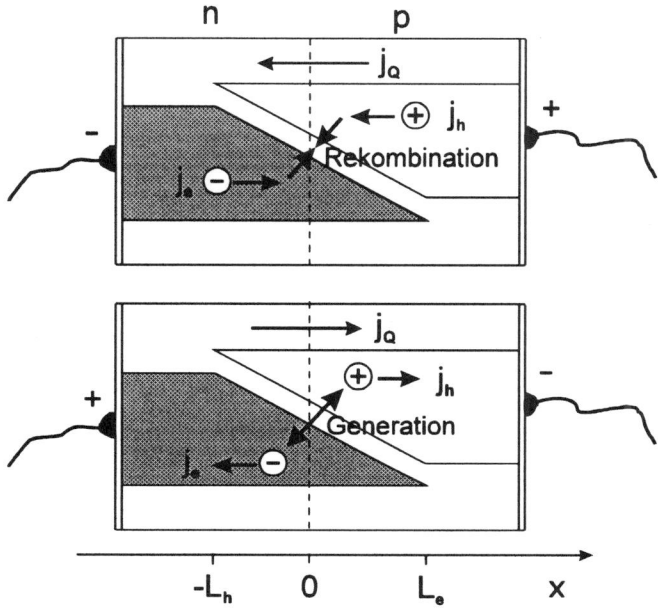

Abb. 6.4 Elektronen- und Löcherströme in einem pn-Übergang. Bei negativer Polung des n-Leiters (oben), in der Durchlaßrichtung, fließen Elektronen und Löcher auf den pn-Übergang zu und rekombinieren dort. In der Sperrichtung, bei positiver Polung des n-Leiters, fließen Elektronen und Löcher vom pn-Übergang weg, wo sie entstehen.

$$j_Q = -e \int_{-L_h}^{L_e} \operatorname{div} j_h \, dx, \tag{6.13}$$

weil ja $j_h = 0$ für $x < -L_h$, aber $j_h = j_Q / e$ für $x > L_e$.
Nach der Kontinuitätsgleichung für die Löcher im stationären Zustand

$$\frac{\partial n_h}{\partial t} = G_h - R_h - \operatorname{div} j_h = 0 \quad \text{ist} \quad \operatorname{div} j_h = G_h - R_h.$$

Wir teilen die Generationsrate auf in die im Dunkeln G_h^0 und die durch eine Zusatzbelichtung bedingte ΔG_h

$$G_h = G_h^0 + \Delta G_h.$$

Die Rekombinationsrate ist entsprechend

$$R_h = R_h^0 \cdot \frac{n_e n_h}{n_i^2} = R_h^0 \exp\left(\frac{\eta_e + \eta_h}{kT}\right), \tag{6.14}$$

wobei wegen des Gleichgewichts mit den 300 K Photonen und Phononen bei $\eta_e + \eta_h = 0$

$$G_h^0 = R_h^0.$$

Damit wird der Ladungsstrom in Gl.(6.13)

$$j_Q = -e \int_{-L_h}^{L_e} \left\{ G_h^0 \left[1 - \exp\left(\frac{\eta_e + \eta_h}{kT}\right)\right] + \Delta G_h \right\} dx. \tag{6.15}$$

Hierin ist die Summe der elektrochemischen Potentiale $\eta_e + \eta_h$ im Prinzip eine Funktion des Ortes und hängt mit den Widerständen zusammen, die den Ladungsstrom begrenzen.

Wir kennen zwei Arten dieses Zusammenhangs

1. Der Strom ist begrenzt durch den Transportwiderstand. Dann ist
$$j_Q = -\frac{\sigma}{e} \operatorname{grad} \eta.$$

2. Der Strom ist begrenzt durch den Reaktionswiderstand der Reaktion
$$e + h \Leftrightarrow \gamma, n \cdot \Gamma.$$
   Dafür gilt $\operatorname{div} j_i = G_i - R_i$.
   Es können nicht mehr Elektronen und Löcher vom pn-Übergang wegfließen, als dort erzeugt werden, und es können nicht mehr zum pn-Übergang hinfließen, als dort durch Rekombination verschwinden.

Wir schätzen den Spannungsabfall durch den Transportwiderstand ab. Der Ladungsstrom durch eine Solarzelle ist begrenzt durch den absorbierten Photonenstrom und ist für Silizium für nicht-fokussierte Sonnenstrahlung maximal 42 mA/cm². Für eine Dotierung von $10^{16}/\text{cm}^3$ und eine Beweglichkeit von $b_h = 470 \text{ cm}^2/\text{Vs}$ ist die Leitfähigkeit $\sigma_h = 0.75 / \Omega\text{cm}$.
Der Spannungsabfall beträgt damit $1/e \cdot \operatorname{grad} \eta_h = j_Q/\sigma_h = 56$ mV/cm, bei einer Dicke von 400 µm also nur 2 mV. Das ist vernachlässigbar wenig gegen $(\eta_e + \eta_h)/e$, was in der Größenordnung von 1 V liegt. Beim pn-Übergang ist es der Reaktionswiderstand, der den Strom begrenzt. Der Transportwiderstand ist dagegen vernachlässigbar.
Deshalb ist

$\operatorname{grad} \eta_h \approx 0$ für $x > -L_h$
und $\operatorname{grad} \eta_e \approx 0$ für $x < L_e$
und also $\eta_e + \eta_h \neq f(x)$ für $-L_h < x < L_e$.

Dann ist auch $\eta_e + \eta_h = eU$, wobei U die Spannung zwischen den Anschlüssen an das n-Gebiet und das p-Gebiet ist.
Aus all dem folgt, daß der Integrand in Gl.(6.15) zwischen den Integrationsgrenzen nicht vom Ort abhängt. Gl.(6.15) ist daher leicht zu integrieren, und wir erhalten die Strom-Spannungs-Kennlinie des pn-Übergangs

$$j_Q = e\, G_h^0 (L_e + L_h) \left[\exp\left(\frac{eU}{kT}\right) - 1\right] - e \int_{-L_h}^{L_e} \Delta G_h\, dx. \tag{6.16}$$

Für äußeren Kurzschluß ($U = 0$) ist

$$j_Q = -e \int_{-L_h}^{L_e} \Delta G_h\, dx = -e \int_{-L_h}^{L_e} \Delta G_e\, dx = j_{sc}. \tag{6.17}$$

Im Dunkeln $(\Delta G_{e,h} = 0)$ für große negative Spannungen $(\exp(eU/kT) \ll 1)$ finden wir den von der Spannung unabhängigen Sperrstrom

$$j_Q = -e\, G_{e,h}^0 (L_e + L_h) = -j_{Sp}. \tag{6.18}$$

Kurzschlußstrom j_{sc} und Sperrstrom j_{Sp} charakterisieren die Strom-Spannungskennlinie

$$j_Q = j_{Sp}\left[\exp\left(\frac{eU}{kT}\right) - 1\right] + j_{sc}. \tag{6.19}$$

Mit Gl.(6.18) läßt sich der Sperrstrom berechnen für einen idealen pn-Übergang, in dem Elektron-Loch Paare nur durch Absorption von 300 K Umgebungsstrahlung erzeugt werden. In realen pn-Übergängen kommt die Erzeugung durch nicht-strahlende Übergänge als Umkehrung der nicht-strahlenden Rekombinationsprozesse noch hinzu. Die Generationsrate läßt sich dann nicht mehr allgemein angeben. Sie läßt sich aber immer durch die Diffusionslängen ausdrücken, die mit der Lebensdauer einen Parameter enthalten, der die realen Rekombinationsprozesse widerspiegelt.

Im Gleichgewicht von Generation und Rekombination bestimmt die Lebensdauer (der Minoritätsträger) mit der Konzentration der Minoritätsträger die Generationsrate

$$G_{eh}^0 = R_{eh}^0 = \frac{n_e^p}{\tau_e} = \frac{n_h^n}{\tau_h}$$

Mit $L = \sqrt{D\tau}$ wird $\tau_e = L_e^2 / D_e$ und $\tau_h = L_h^2 / D_h$. Ersetzen wir noch $n_e^p = n_i^2 / n_A$ und $n_h^n = n_i^2 / n_D$, dann finden wir für den Sperrstrom

$$j_{sp} = e n_i^2 \left(\frac{D_e}{n_A L_e} + \frac{D_h}{n_D L_h}\right) \tag{6.20}$$

Die Diffusionslängen für Elektronen und Löcher müssen in realen pn-Übergängen experimentell bestimmt werden.

Für den Kurzschlußstrom zählen nur die Photonen, die innerhalb der Diffusionslängen absorbiert werden. Der pn-Übergang darf deshalb nicht weiter als L_h von der Oberfläche entfernt sein. Tatsächlich wird die n-Schicht an der Oberfläche sehr dünn gewählt, ihre Absorption kann vernachlässigt werden. Zusätzlich muß berücksichtigt werden, daß Photonen unterschiedlicher Energie $\hbar\omega$ auch verschieden gut absorbiert werden. Die durch Belichtung erzeugte zusätzliche Generationsrate erhält man durch Integration über das einfallende Spektrum der Photonenströme $dj_\gamma(\hbar\omega, x=0)$. Damit ist

$$\Delta G_{e,h}(x) = \int_0^\infty \alpha(\hbar\omega)(1 - r(\hbar\omega)) \cdot \exp(-\alpha(\hbar\omega) x)\, dj_\gamma(\hbar\omega, 0).$$

Der Beitrag zum Kurzschlußstrom im Intervall $d\hbar\omega$ ist

$$dj_{sc}(\hbar\omega) = -e[1-r(\hbar\omega)]\, dj_\gamma(\hbar\omega,0)\, \alpha(\hbar\omega) \int_0^{L_e} e^{-\alpha x} dx \qquad (6.21)$$
$$= -e[1-r(\hbar\omega)]\{1-\exp[-\alpha(\hbar\omega)L_e]\}\, dj_\gamma(\hbar\omega,0).$$

$[1-r(\hbar\omega)]\{1-\exp(-\alpha(\hbar\omega)L_e)\}$ ist der Absorptionsgrad $a(\hbar\omega, L_e)$ einer Schicht der Dicke L_e für Photonen der Energie $\hbar\omega$. Ist die Diffusionslänge größer als die Dicke der Solarzelle, dann ist der Absorptionsgrad für die tatsächliche Dicke einzusetzen. Der Kurzschlußstrom ist durch den Photonenstrom gegeben, der innerhalb der kleineren der beiden Strecken, Diffusionslänge der Elektronen oder Dicke der Solarzelle, absorbiert wird.

$$j_{sc} = -e\int_0^\infty a(\hbar\omega, L_e)\, dj_\gamma(\hbar\omega,0).$$

Abb.6.5 zeigt die Strom-Spannungskennlinien des unbelichteten und des belichteten pn-Übergangs.

Neben dem Kurzschlußstrom ist die Leerlaufspannung U_{oc} wichtig. Aus

$$j_Q = j_{Sp}\left[\exp\left(\frac{eU_{oc}}{kT}\right)-1\right] + j_{sc} = 0 \qquad (6.22)$$

folgt

$$U_{oc} = \frac{kT}{e}\ln\left(1-\frac{j_{sc}}{j_{Sp}}\right). \qquad (6.23)$$

Es ist für die Spannung ganz wichtig, daß der Sperrstrom j_{Sp} möglichst klein ist. Der

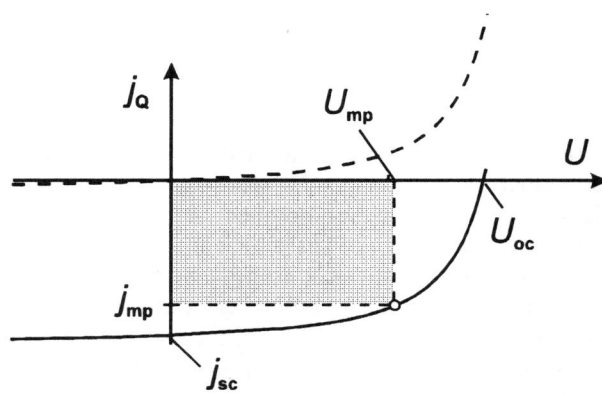

Abb. 6.5   Ladungsstrom des pn-Übergangs im Dunkeln (gestrichelt) und bei Belichtung (durchgezogen) als Funktion der Spannung. Das Vorzeichen der Spannung entspricht der Polarität des p-Gebiets.

kleinste mögliche Wert wird für die kleinste mögliche Generationsrate im Dunkeln $G_{e,h}^0$ erreicht, also dann, wenn Elektron-Loch Paare nur durch Absorption von 300 K Umgebungsstrahlung erzeugt werden und entsprechend nur strahlend rekombinieren.

6.3 pn-Übergang mit Störstellen-Rekombination 2-Dioden-Modell

Die im vorigen Abschnitt berechnete Strom-Spannungs-Kennlinie des pn-Übergangs basiert darauf, daß die Rekombination ausschließlich strahlend ist. Das ist der Idealzustand, der uns erlaubt, obere Grenzen für die Leerlaufspannung und den Wirkungsgrad von Solarzellen zu bestimmen. In realen Solarzellen überwiegt dagegen die Rekombination über Störstellen, die in Abschnitt 3.6.2.2 ausführlich behandelt wurde. Dort hatten wir festgestellt, daß diejenigen Störstellen besonders stark zur Rekombination beitragen, deren Elektronenenergie in der Mitte der verbotenen Zone liegt. Für den Einfluß der Störstellen-Rekombination auf den Strom-Spannungs-Zusammenhang werden wir uns deshalb auf diese Sorte Störstellen mit $\varepsilon_{St} = \varepsilon_i$ in der Mitte der verbotenen Zone beschränken. Weiter wird angenommen, daß ihre Einfangquerschnitte σ für Elektronen und Löcher wie auch deren Geschwindigkeiten v gleich sind. Mit dieser Vereinfachung wird aus Gl.(3.71)

$$R_{St} = \frac{N_{St}\sigma v(n_e n_h - n_i^2)}{n_e + n_h + 2n_i}. \qquad (6.24)$$

Dabei wurde $N_C \exp(-\varepsilon_G/2kT) \approx N_V \exp(-\varepsilon_G/2kT) \approx n_i$ verwendet.
Mit $n_e = N_C \exp[-(\varepsilon_C - \varepsilon_{F,C})/kT] = n_i \exp[-(\varepsilon_i - \varepsilon_{F,C})/kT]$ und $n_h = n_i \exp[-(\varepsilon_{F,V} - \varepsilon_i)/kT]$
finden wir die Abhängigkeit der Rekombinationsrate von der Lage der Fermi-Energien.

$$R_{St} = N_{St}\sigma v n_i \frac{\exp[(\varepsilon_{F,C} - \varepsilon_{F,V})/kT] - 1}{\exp[(\varepsilon_{F,C} - \varepsilon_i)/kT] + \exp[(\varepsilon_i - \varepsilon_{F,V})/kT] + 2}. \qquad (6.25)$$

Bei vorgegebener Spannung U, und damit vorgegebener Aufspaltung der Fermi-Energien $\varepsilon_{F,C} - \varepsilon_{F,V} = eU$ zeigt die Abb.6.6 die Größe der Rekombinationsrate R_{St} als Funktion der Lage der Fermi-Energien relativ zur Lage des Störstellenniveaus ε_i in der Mitte der verbotenen Zone. Man sieht, daß die Rekombinationsrate ein ausgeprägtes Maximum hat, wenn das Störstellenniveau in der Mitte zwischen den Fermi-Energien liegt.
Das wird auch nahe gelegt von der Abb.6.7, die den Potentialverlauf in einem pn-Übergang mit Störstellen bei der Spannung U zeigt. Im p-Gebiet sind die Störstellen weitgehend unbesetzt, weil ihre Elektronenenergie oberhalb der Fermi-Energien liegt, und im n-Gebiet sind sie weitgehend besetzt. In beiden Bereichen ist die Rekombinationsrate klein. Die Rekombinationsrate ist nur dort groß, wo das Störstellenniveau mitten zwischen den Fermi-Energien liegt, also in der Mitte des pn-Übergangs. Dort ist $\varepsilon_{F,C} - \varepsilon_i = \varepsilon_i - \varepsilon_{F,V} = eU/2$. Damit wird die Rekombinationsrate in Gl.(6.25)

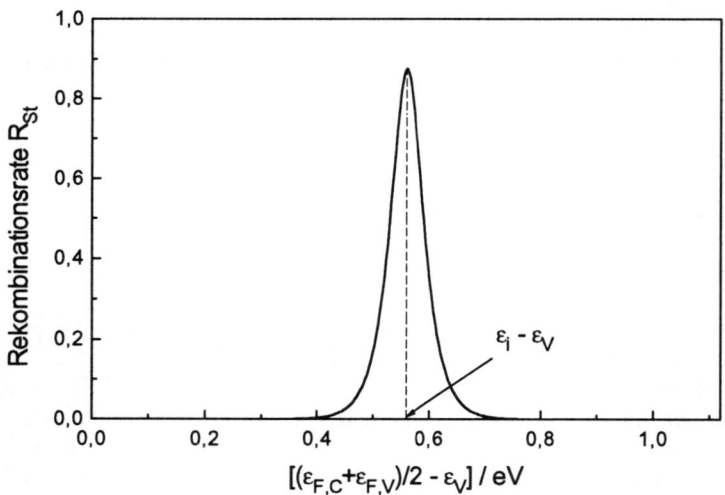

Abb. 6.6 Rekombinationsrate R_{St} als Funktion des Mittelwerts der Fermi-Energien $(\varepsilon_{F,C}+\varepsilon_{F,V})/2$ relativ zur Valenzbandkante ε_V für $U=0,4V$

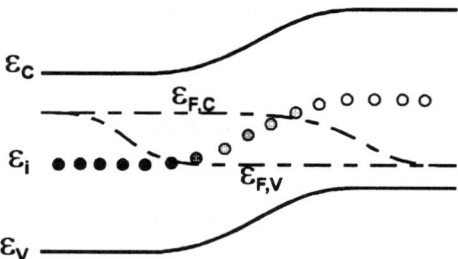

Abb. 6.7 Potentialverlauf in einem pn-Übergang mit Störstellen bei ε_i in der Mitte der verbotenen Zone

$$R_{St} = N_{St}\sigma v n_i \frac{\exp(eU/kT)-1}{2[\exp(eU/2kT)+1]} \:. \tag{6.26}$$

Nehmen wir weiter an, daß diese Rekombinationsrate über die Dicke w der Raumladungszone räumlich konstant ist und berücksichtigen noch, daß $\exp(eU/kT) -1 = [\exp(eU/2kT) +1][\exp(eU/2kT) -1]$ ist, dann hat die Störstellen-Rekombination einen zusätzlichen Ladungsstrom zur Folge von

$$j_{Q,St} = \frac{ew\sigma v N_{St} n_i}{2}\{\exp(eU/2kT)-1\} = j_{Sp2}\exp\{(eU/2kT)-1\}. \quad (6.27)$$

Dieser Strom fließt zusätzlich zu dem von der Band-Band-Rekombination hervorgerufenen, die über den Bereich der Diffusionslängen den Strom bestimmt. Wegen der verschiedenen Spannungsabhängigkeit überwiegt der Beitrag der Störstellen-Rekombination bei kleinen Spannungen und der der Band-Band-Rekombination bei großer Spannungen. Der Gesamtstrom einschließlich des Kurzschlußstroms ist

$$j_Q = j_{Sp1}\exp\{(eU/kT)-1\} + j_{Sp2}\exp\{(eU/2kT)-1\} + j_{sc}. \quad (6.28)$$

Bis auf den Kurzschlußstrom können wir uns diesen Gesamtstrom als durch die Parallelschaltung von zwei Arten von Dioden erzeugt denken. Eine Diode mit dem Sperrstrom j_{Sp1}, in der es nur Band-Band-Rekombination gibt, ist parallel geschaltet mit zwei in Serie geschalteten Dioden mit dem Sperrstom j_{Sp2}, in denen es nur Störstellen-Rekombination in der Raumladungszone gibt und an denen wegen der Serienschaltung einzeln nur die halbe Spannung liegt. Das ist das 2-Dioden-Modell, das Band-Band- und Störstellen-Rekombination berücksichtigt und die Strom- Spannungskennlinie von realen pn-Übergängen recht gut wiedergibt.

6.4 Heteroübergänge

In den Abbildungen 5.5 und 5.6 hatten wir gesehen, daß es auch Transport in die falsche Richtung gibt, also von Elektronen zum Kontakt auf der p-Seite und von Löchern zur n-Seite. Der damit verbundene Ladungsstrom, um den sich der Gesamtstrom vermindert, wurde bei der Berechnung der Strom- Spannungskennlinie des pn-Übergangs vernachlässigt. Diese Vernachlässigung ist, genau genommen, nur gerechtfertigt, wenn Maßnahmen getroffen sind, die diesen Strom oder die Rekombination an der Oberfläche, die seine Ursache ist, beseitigen. Eine Möglichkeit dazu zeigt die Struktur in Abb. 5.1. Die Elektronen fließen über einen n-Leiter aus der Zelle, die Löcher über einen p-Leiter, deren Bandabstände sehr groß sind. Wegen der damit verbundenen sehr kleinen Konzentration der Minoritätsträger ist hier die Vernachlässigung der Minoritätsträgerströme, des Elektronenstroms zur p-Seite, des Löcherstroms zur n-Seite gerechtfertigt. Für die Struktur der Abb. 5.1 werden drei verschiedene Materialien gebraucht, der absorbierende Halbleiter in der Mitte, der sich zwischen zwei Halbleitern mit großem Bandabstand und unterschiedlichen Elektronenaffinitäten χ_e befindet. Solche Kontakte zwischen unterschiedlichen Materialien nennt man Heteroübergänge.

Außer für die Vermeidung der Oberflächenrekombination sind Heteroübergänge besonders wichtig, wenn es nicht möglich ist, einen pn-Übergang aus einem einzigen Material, einen sogenannten Homoübergang, herzustellen. Es gibt nämlich viele Materialien, die sich nur als n-Typ oder nur als p-Typ dotieren lassen. Dazu zählen fast alle Materialien, deren Bandabstand größer als 2.5 eV ist. Das ist einer der Gründe, warum es solche Schwierigkeiten macht, blau-emittierende Leuchtdioden herzustellen.

Für Solarzellen und andere elektronische Bauelemente genügt es nicht, Halbleiter mit geeigneten Bandabständen und Elektronenaffinitäten in Kontakt zu bringen. Die Grenzfläche muß vielmehr möglichst frei von Grenzflächenzuständen mit Energien in der verbotenen Zone sein, damit keine zusätzliche Rekombination auftritt und, damit die Grenzfläche nicht durch die überwiegende Besetzung mit einer Trägersorte elektrisch geladen

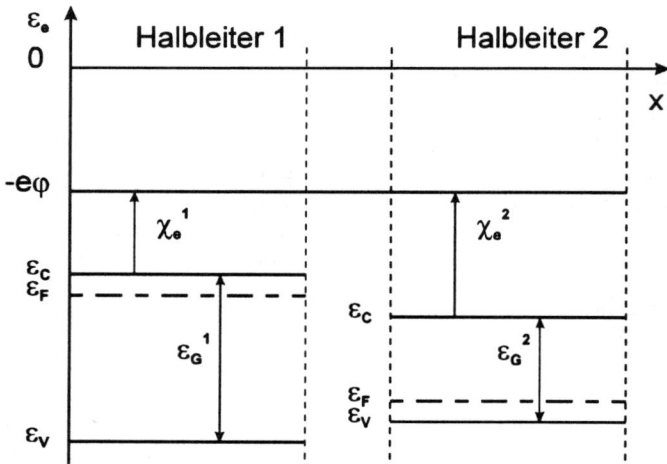

Abb. 6.8 Zwei verschiedene Halbleiter vor dem Kontakt

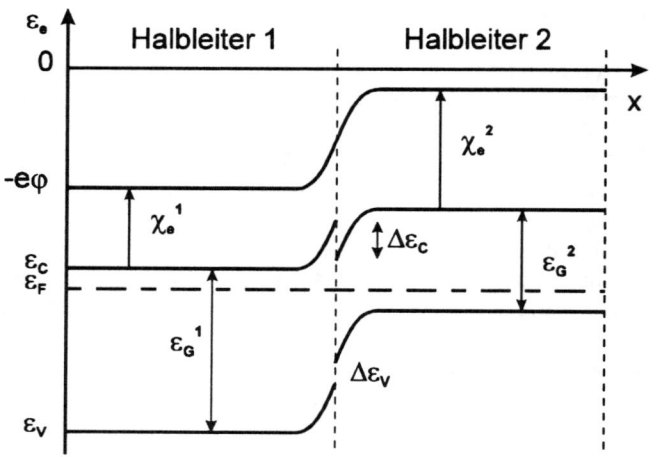

Abb. 6.9 Die zwei verschiedenen Halbleiter von Abb. 6.8 im Kontakt

ist. Materialkombinationen, die diese Bedingungen erfüllen, sind sehr selten. Eine geeignete Kombination ist Silizium/Siliziumdioxid, in der das Siliziumdioxid aber nicht dotierbar, also isolierend ist. Wir werden später sehen, daß diese Kombination trotzdem für Silizium-Solarzellen von großer Bedeutung ist. Alle anderen bekannten Kombinationen mit kleiner Dichte von Grenzflächenzuständen bestehen aus III-V-Verbindungen, basieren also auf Galliumarsenid.

Der Verlauf des elektrischen Potentials und der Bandränder eines Heteroübergangs ist genau so einfach zu bestimmen wie bei einem normalen pn-Übergang, wenn die sich be-

rührenden Oberflächen nicht geladen sind. Dann sind nämlich die dielektrische Verschiebung $D = \varepsilon\varepsilon_0 E$ und das elektrische Potential an der Grenzfläche stetig. Die Feldstärken E rechts und links der Grenzfläche unterscheiden sich wegen der Stetigkeit von D um das Verhältnis der Dielektrizitätskonstanten ε.
Abb.6.8 zeigt zwei verschiedene Halbleiter, links den Halbleiter 1, der n-dotiert ist und rechts den p-dotierten Halbleiter 2. Zur Konstruktion des Potentialverlaufs im Dunkeln in Abb.6.9 beginnen wir mit dem Halbleiter 1, dessen elektrisches Potential links von der Grenzfläche, außerhalb einer eventuell vorhandenen Raumladungszone, fest gehalten sei. Im elektrochemischen Gleichgewicht mit dem p-Leiter hat die Fermienergie überall den gleichen Wert. Rechts von einer eventuellen Raumladungszone an der Grenzfläche, können jetzt im p-Leiter relativ zur Fermi-Energie die Bandränder ε_C und ε_V und die elektrische Energie pro Elektron $-e\varphi$ mit Differenzen zur Fermi-Energie, wie vor dem Kontakt in Abb.6.8, eingetragen werden.
Der Verlauf des elektrischen Potentials wird allein von der Verteilung der Ladung bestimmt und ist unabhängig von Elektronenaffinität oder Bandabstand. Wegen der Stetigkeit des elektrischen Potentials an einer Grenzfläche ohne Oberflächenzustände ergibt sich sein Verlauf, bis auf die im Verhältnis der Dielektrizitätskonstanten verschiedene Steigung, wie beim normalen pn-Übergang in Abschnitt 6.2.
Die elektrische Potentialdifferenz zwischen neutralen Bereichen des n-Leiters und des p-Leiters ist nach Gl.(6.1)

$$e(\varphi^1 - \varphi^2) = \mu_{e,0}^1 - \mu_{e,0}^2 + kT\ln(n_e^1/n_e^2) \;, \tag{6.29}$$

wobei die konzentrations-unabhängigen Anteile des chemischen Potentials der Elektronen μ_{e0} durch die jetzt verschiedenen Elektronenaffinitäten χ_e der beiden Halbleiter gegeben sind

$$\mu_{e,0}^1 - \mu_{e,0}^2 = \chi_e^2 - \chi_e^1 \;.$$

Der Unterschied der Elektronenaffinitäten bestimmt auch den Sprung der Leitungsbandkanten $\Delta\varepsilon_C$ und zusammen mit dem Unterschied der Bandabstände ε_G den Sprung der Valenzbandkanten $\Delta\varepsilon_V$ direkt in der Grenzfläche.

$$\Delta\varepsilon_C = \varepsilon_C^1 - \varepsilon_C^2 = \chi_e^2 - \chi_e^1$$
$$\Delta\varepsilon_V = \varepsilon_V^1 - \varepsilon_V^2 = \chi_e^2 - \chi_e^1 + \varepsilon_G^2 - \varepsilon_G^1$$

Durch Wahl von Materialien mit geeigneten Elektronenaffinitäten χ_e und Bandabständen ε_G können, wie in Abb.5.1, Sprünge der Bandkanten vermieden oder erzeugt werden, mit denen sich der Ladungstransport kontrollieren läßt.

6.5 Halbleiter-Metall-Kontakt

Metallkontakte sollen den ungehinderten Ladungstransport durch die Solarzelle und einen äußeren Verbraucher ermöglichen. Der Kontakt mit einem Metall darf also nicht zur Verarmung derjenigen Ladungsträgersorte führen, die im angrenzenden Halbleiter die Majoritätsträger sind. Der Potentialverlauf am Halbleiter-Metall-Kontakt unterscheidet sich nur unwesentlich von dem am Halbleiter-Halbleiter-Kontakt. Abb.6.10 zeigt einen Halbleiter und ein Metall vor dem Kontakt und im Kontakt. Das Metall ist allein durch das chemische Potential der Elektronen charakterisiert, dessen Betrag Austrittsarbeit genannt wird. Im Kontakt bildet sich wie bei zwei Halbleitern eine elektrische Potentialdifferenz, die der Differenz der Austrittsarbeiten entspricht. Wegen der großen Dichte

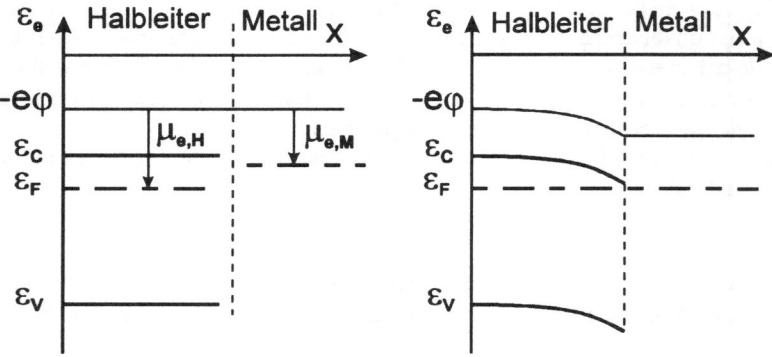

Abb.6.10 Energieschema von Halbleiter und Metall vor dem Kontakt (links) und im Kontakt (rechts)

der Elektronen im Metall ist die Ladungsverteilung dort zu einer Flächenladung entartet. Die ganze Potentialdifferenz zwischen Metall und Halbleiter erscheint deshalb über der Raumladungszone des Halbleiters. Hierbei haben wir vorausgesetzt, daß es außer der Flächenladung im Metall keine weitere Ladung in der Grenzfläche gibt, das elektrische Potential also stetig ist. Wir sehen aus der Abbildung, daß Metalle mit kleiner Austrittsarbeit eine Anreicherung von Elektronen bewirken. Sie sind gut leitende, sogenannte ohmsche Kontakte für n-dotierte Halbleiter. Umgekehrt macht man mit Metallen großer Austrittsarbeit ohmsche Kontakte für p-dotierte Halbleiter. Elektronen finden vom Metall zum Leitungsband des Halbleiters eine Potentialbarriere vor, die durch die Differenz der Austrittsarbeit des Metalls und der Elektronenaffinität des Halbleiters gegeben ist.
Insbesondere bei Kontakten an Silizium stellt man jedoch fest, daß die Abhängigkeit der Bandverbiegung von der Austrittsarbeit des Metalls schwächer ist als nach der Differenz der Austrittsarbeiten erwartet. Der Grund dafür dürften Oberflächenzustände auf der Siliziumoberfläche sein, die im Kontakt mit dem Metall geladen sind. Zusammen mit der Flächenladung auf dem Metall bilden sie eine Ladungsdoppelschicht, über der ein von deren Dipolmoment abhängiger Potentialsprung auftritt. Die Potentialdifferenz zwischen dem Inneren des Halbleiters und dem Inneren des Metalls ist zwar auch jetzt durch die

Differenz der Austrittsarbeiten gegeben, sie teilt sich aber auf auf die Diffusionsspannung der Raumladungsrandschicht und die meist unbekannte Potentialdifferenz über der Dipolschicht.

	Si	GaAs	In	Ag	Al	Au	Pt
Austrittsarbeit /eV			4.12	4.26	4.28	5.1	5.65
Elektronenaffinität /eV	4.01	4.07					

Gut leitende Kontakte können noch auf einem anderen Prinzip beruhen. Ist der Halbleiter sehr hoch dotiert, wenigstens in der Nähe des Kontaktes, dann sind auch Verarmungszonen nur wenig ausgedehnt. Sie können bei entsprechend hoher Dotierung so dünn sein, daß die Ladungsträger durch die damit verbundene Potentialbarriere hindurch ins Metall tunneln. Aluminium ist an sich kein gutes Kontaktmaterial für p-dotiertes Silizium, weil es eine kleinere Austrittsarbeit hat. Läßt man es aber nach dem Aufbringen bei höheren Temperaturen ins Silizium eindiffundieren, wo es Akzeptorzustände bildet, dann wird eine hoch p-dotierte Schicht erzeugt mit einem Potentialverlauf wie in Abb.6.11 gezeigt. Die dünne Barriere im Valenzband erlaubt einen guten Ladungstransport zwischen dem Valenzband des Siliziums und dem Leitungsband des Al-Kontakts.

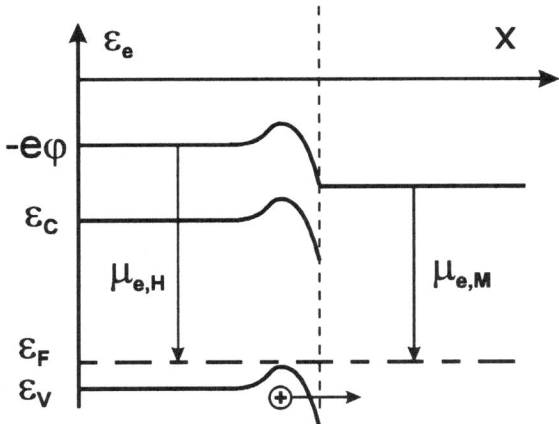

Abb. 6.11 Durch eine dünne Potentialbarriere einer hoch dotierten Randschicht können Elektronen oder Löcher hindurch tunneln.

6.5.1 Schottky-Kontakt

Das Grundprinzip einer Solarzelle kann bereits mit einem homogen dotierten Halbleiter mit zwei verschiedenen Metallkontakten erfüllt werden, einem ohmschen Kontakt und einem zweiten, der eine Verarmung von Majoritätsträgern und damit eine Anreicherung von Minoritätsträgern bewirkt. Dieser zweite Kontakt ist ein sogenannter Schottky-Kontakt. Für einen n-Leiter muß seine Austrittsarbeit viel größer sein als die des Halbleiters, für einen p-Leiter viel kleiner. Die Abb.6.12 zeigt für einen p-Leiter den Potentialverlauf im Dunkeln. Schottky-Kontakte sind allerdings nur mit wenigen Halbleitern einfach herzustellen. Sie haben zudem den Nachteil, daß die gewünschte Funktion, den Minoritätsträgern einen Abfluß ohne Vergrößerung ihrer Entropie zu ermöglichen, zwangsläufig gekoppelt ist mit der an Metallkontakten großen Oberflächenrekombination. Für Solarzellen spielen sie nur in der Erprobung neuer Materialien eine Rolle. In der Vergangenheit hat sich gezeigt, daß gut funktionierende vermeintliche Schottky-Kontakte in Wirklichkeit Halbleiter-Hetero-Übergänge waren, die sich durch chemische Reaktion des Metalls mit dem Halbleiters bilden. Ein Beispiel ist der Kontakt von Kupfer (Cu) auf n-typ Cadmiumsulfid (CdS), bei dem p-leitendes Cu_2S entsteht.

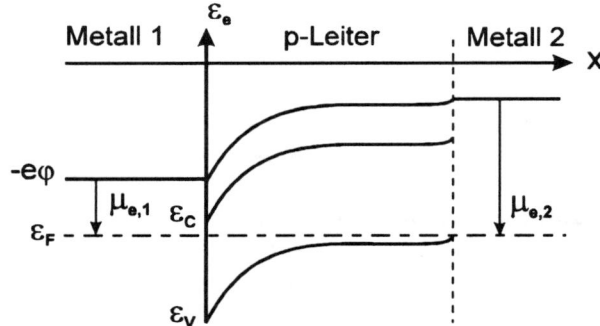

Abb. 6.12 Ein Metall mit einer kleinen Austrittsarbeit (links) bildet auf einem p-Leiter mit einer großen Austrittsarbeit einen Schottky-Kontakt. Auf der rechten Seite bildet ein Metall mit großer Austrittsarbeit einen ohmschen Kontakt.

6.5.2 MIS-Kontakt

Um die Oberflächenrekombination am Schottky-Kontakt zu verringern, kann man zwischen dem Metall und dem Halbleiter eine Oxidschicht einfügen. Obwohl diese isoliert, stellt sie keine wesentliche Behinderung dar, wenn sie nur dünn genug ist, da Elektronen oder Löcher durch sehr dünne Potentialbarrieren tunneln können. Allerdings fällt die Verarmung an Majoritätsträgern im Halbleiter jetzt etwas schwächer aus, weil ein Teil der Austrittsarbeitsdifferenz über der Oxidschicht und nicht über dem Halbleiter liegt.

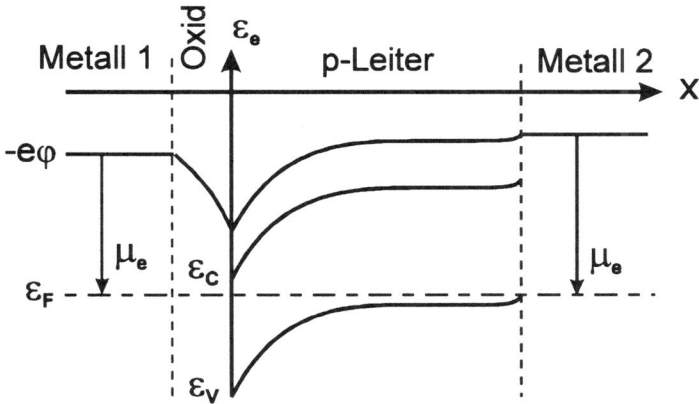

Abb. 6.13 In einer MIS (Metall-Isolator-Silizium)-Struktur verhindert eine sehr dünne Oxid-Schicht zwischen Metall und Silizium die Oberflächenrekombination. Die Löcherverarmung im p-Leiter wird durch positive Ladung in der Grenzfläche zwischen Halbleiter und Oxid hervorgerufen.

In MIS (Metall-Isolator-Silizium)-Strukturen[2] wird das kompensiert durch die Ausnutzung einer Eigenschaft von Siliziumdioxid. Im Siliziumdioxid eingelagerte Fremdatome (z.B. Natrium) sind häufig ionisiert, also geladen. Ihre Ladung wird durch Ladung im Metall und im Halbleiter neutralisiert. Bei positiver Ladung im Oxid an der Grenzfläche zum Halbleiter werden Löcher von der Grenzfläche weggedrückt und Elektronen angereichert. Abb.6.13 zeigt, daß sich im p-Leiter damit ein ähnlicher Potentialverlauf ergibt wie beim Schottky-Kontakt, aber ohne den Nachteil der großen Oberflächen-Rekombination.

6.6 Die Rolle des elektrischen Feldes in Solarzellen

Es mag den Leser verwirren, daß das elektrische Feld, das im Dunkeln und abgeschwächt bei Belichtung in einem pn-Übergang vorhanden ist, für unser Verständnis der Funktion einer Solarzelle ganz ohne Bedeutung ist. Das Kriterium für eine Solarzellen-Struktur ist, daß der Transport der Elektronen und Löcher unter Erhaltung ihrer Entropie pro Teilchen erfolgt. Die Erfüllung dieser Bedingung ist in manchen Strukturen, wie z.B. in einem pn-Übergang aus einheitlichem Material begleitet vom Vorhandensein eines elektrischen Feldes. Das ist, überspitzt gesagt, eine zufällige Koinzidenz. Es wäre eine völlig unnötige Einschränkung, Strukturen für Solarzellen auszuschließen, in denen kein elektrisches Feld vorhanden ist, die aber die Bedingung der Erhaltung der Entropie pro Teilchen erfüllen. Am Schluß dieses Abschnitts ist eine solche Struktur gezeigt.

---

[2] K. Jaeger, R. Hezel, Proc 18. IEEE PV Spec. Conf., Las Vegas (1985), Seite 388

Häufig liest man, daß gerade das elektrische Feld eines pn-Übergangs den Antrieb für die bei Belichtung fließenden Ströme besorgt. Wir wollen uns dieses Argument etwas genauer ansehen. Wäre es so, daß die Ladungsträger durch das Feld angetrieben würden, also dauernd beschleunigt und durch Stöße mit dem Gitter wieder abgebremst würden, dann würde das Feld Arbeit leisten. Es müßte eine Energiequelle vorhanden sein, die die bei jedem Stoß von den Ladungsträgern dissipierte Energie kontinuierlich nachliefert, um den Strom aufrecht zu erhalten. So eine Energiequelle ist nicht vorhanden. Man sieht das am besten am Vergleich mit einem einfachen Beispiel.

Ein Kondensator sei mit einem Stoff gefüllt, der im Dunkeln isoliert und bei Belichtung durch Erzeugung von Elektronen und Löchern leitend wird. Dieser Kondensator wird im Dunkeln geladen, und die dazu nötige Spannungsquelle wird dann wieder abgeklemmt. In dem Stoff zwischen den Kondensatorplatten ist ein elektrisches Feld vorhanden. Wird dieser Stoff jetzt belichtet, dann fließt ein Strom. Elektronen fließen zur positiv geladenen Platte, Löcher zur negativ geladenen Platte. Die Energie, die sie beim Transport durch Stöße dissipieren, nehmen sie aus dem Feld auf. Das Feld wird dadurch geschwächt, der Kondensator entladen. Der Strom kommt nach der dielektrischen Relaxationszeit zum Erliegen, das elektrische Feld verschwindet, weil dann die beim Laden des Kondensators gespeicherte elektrische Feldenergie verbraucht ist. Ein stationärer, durch ein elektrisches Feld getriebener Strom braucht eine Energiequelle, die das Feld speist und aufrecht erhält, eine Batterie. Das ist in einer Solarzelle nicht anders.

Um die Irrelevanz des elektrischen Feldes deutlich zu machen, basteln wir uns einen pn-Übergang, etwas umständlich aber physikalisch nicht verboten, in dem im Dunkeln die p-Seite gegenüber der n-Seite ungeladen ist. Dann existiert in ihm auch kein elektrisches Feld. Das Konstruktionsprinzip folgt aus dem, was wir über Heteroübergänge wissen. Die elektrische Potentialdifferenz zwischen zwei Körpern ist nach Gl.(6.29) durch die Differenz ihrer Austrittsarbeiten oder durch die Differenz der chemischen Potentiale μ_e ihrer Elektronen festgelegt. Sie hängt von der Differenz der Elektronenaffinitäten und von der Dichte der Elektronen ab.

Es ist denkbar, einen pn-Übergang so aus kontinuierlich veränderten Stoffen aufzubauen, die alle den gleichen Bandabstand haben, und trotz der vom p- zum n-Leiter anwachsenden Elektronenkonzentration, wegen der gleichzeitig anwachsenden Elektronenaffinität χ_e, alle das gleiche chemische Potential der Elektronen haben. Es ergibt sich im elektrochemischen Gleichgewicht die Potentialverteilung in Abb.6.14, links. In dieser Struktur wird durch Belichtung ein elektrisches Feld erzeugt, das allerdings so gerichtet ist, daß es, anders als im normalen pn-Übergang, Elektronen zum p-Gebiet und Löcher zum n-Gebiet treiben würde, wie in Abb.6.14, rechts, zu sehen ist. Fließt in diesem pn-Übergang der Strom bei Belichtung in eine andere Richtung als im normalen pn-Übergang?

Die tatsächlich treibenden Kräfte, nämlich die Gradienten der elektrochemischen Potentiale, sind identisch mit denen in einem normalen pn-Übergang. Der in Abb.6.14 gezeigte pn-Übergang verhält sich deshalb genauso wie ein normaler pn-Übergang und hat die gleiche Strom- Spannungskennlinie, obwohl in ihm das elektrische Feld dem Ladungsstrom entgegengerichtet ist. Daß Ladungsströme dem elektrischen Feld entgegengerichtet sind, ist übrigens nichts Ungewöhnliches. Es begegnet uns in jeder Batterie. Während im Außenkreis Elektronen vom Minus-Pol zum Plus-Pol laufen, müssen wegen der Kontinuität des Ladungsstroms negative Ionen im Innern der Batterie vom Plus-Pol zum Minus-Pol laufen.

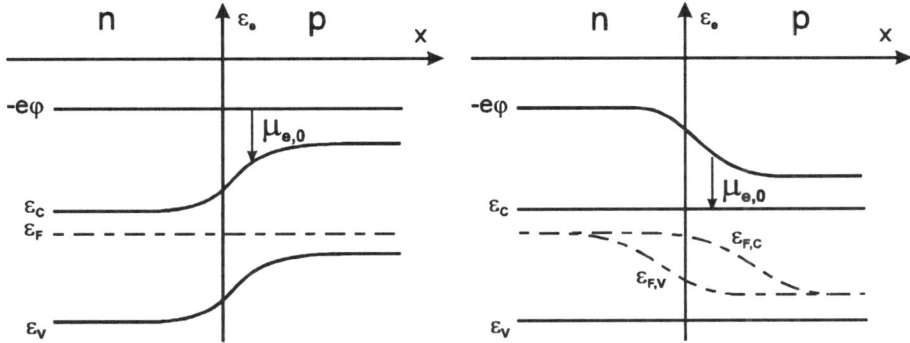

Abb.6.14 Potentialverteilung in einem pn-Übergang mit ortsabhängiger Elektronenaffinität $\chi_e = -\mu_{e,0}$. Links im Dunkeln im elektrochemischen Gleichgewicht, rechts bei Belichtung unter offenen Klemmen.

7 Grenzen der Energiekonversion in Solarzellen

Bei der Herleitung der Strom-Spannungskennlinie hatten wir einen Spannungsabfall an Transportwiderständen als vernachlässigbar klein außer acht gelassen. Mit dieser Näherung ist die Spannung U an den Kontakten einer ausreichend dotierten Solarzelle gleich der Aufspaltung der Fermi-Energien $eU = \varepsilon_{F,C} - \varepsilon_{F,V}$. Außerdem haben wir den Strom der Löcher zum Kontakt des n-Bereichs und der Elektronen zum Kontakt des p-Bereichs trotz der großen Gradienten ihrer Fermi-Energien nicht berücksichtigt, weil die Leitfähigkeit der Minoritätsträger so klein ist.

Mit dieser Näherung tragen alle vom Licht erzeugten Elektronen und Löcher zum Ladungsstrom bei, die nicht rekombinieren. Bei homogener Anregung sind das gerade soviel, wie innerhalb der Diffusionslängen erzeugt werden. Diese Näherung ist besonders in Strukturen wie in Abb.5.1 gerechtfertigt, die das Fließen der Minoritätsladungsträger zur falschen Seite durch Sprünge der Bandkanten zusätzlich behindern.

Eine pn-artige Struktur, die bei der Spannung $eU = \varepsilon_{F,C} - \varepsilon_{F,V} = \mu_e + \mu_h$ einen Ladungsstrom liefert, liefert damit pro Elektron-Loch Paar die chemische Energie $\mu_e + \mu_h$, die im Elektron-Loch Paar gespeichert ist. Diese Struktur vermag also die beim Belichten eines Halbleiters entstehende chemische Energie **vollständig** in elektrische Energie umzusetzen.

7.1 Maximaler Wirkungsgrad von Solarzellen

Der maximale Energiestrom, der von einer Solarzelle geliefert wird, ist durch das größte Rechteck gegeben, das unter die Strom-Spannungs-Kennlinie paßt, wie in ähnlicher Weise in Abb.4.1 gezeigt. Den dadurch ausgezeichneten Punkt maximaler Leistung auf der Kennlinie bezeichnet man als "maximum power point" mit der Ladungsstromdichte j_{mp} und der Spannung U_{mp}.

Unabhängig von der Form der Kennlinie, also dem funktionalen Zusammenhang von j_Q und U, gilt bei maximaler Leistung

$$d(j_Q \cdot U) = dj_Q \cdot U + j_Q \cdot dU = 0,$$

also
$$\left(\frac{dj_Q}{dU}\right)_{mp} = -\left(\frac{j_Q}{U}\right)_{mp}. \qquad (7.1)$$

Diese Beziehung ist in Abb.7.1 geometrisch verdeutlicht. Sie bedeutet, daß die Steigung der Tangente an die Kennlinie im Punkt maximaler Leistung immer parallel ist zur Verbindungslinie vom Koordinatenursprung zum Punkt maximaler Leistung, nachdem diese Verbindungslinie an der x-Achse (oder der y-Achse) gespiegelt wurde.

Für eine bestimmte Form der Kennlinie, nämlich die für strahlende Rekombination in Gl.(6.19) ist

Maximaler Wirkungsgrad von Solarzellen

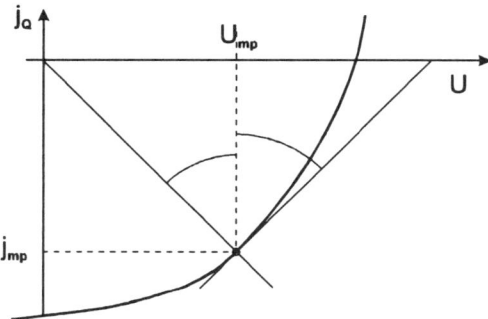

Abb. 7.1 Geometrische Konstruktion des Punkts maximaler Leistung

$$\frac{dj_Q}{dU} = j_{Sp}\frac{e}{kT}\exp\left(\frac{eU_{mp}}{kT}\right) = -\frac{j_{mp}}{U_{mp}} \tag{7.2}$$

Mit $\quad j_{mp} = j_{Sp}\left\{\exp\left(\frac{eU_{mp}}{kT}\right)-1\right\} + j_{sc} \quad$ und $\quad \frac{j_{sc}}{j_{Sp}} = 1 - \exp\left(\frac{eU_{oc}}{kT}\right)$

findet man aus Gl.(7.2) $\quad U_{mp} = \frac{kT}{e}\left\{\exp\left(\frac{e(U_{oc}-U_{mp})}{kT}\right)-1\right\}. \tag{7.3}$

Mit numerischen Verfahren, z.B. zum Suchen von Nullstellen, läßt sich daraus U_{mp} und damit der Punkt maximaler Leistung finden.
Mit dem Füllfaktor

$$FF = \frac{j_{mp}\cdot U_{mp}}{j_{sc}\cdot U_{oc}} \tag{7.4}$$

wird ein Maß dafür definiert, wie gut sich das Rechteck maximaler Leistung der Kennlinie anpaßt. Bei nur strahlender Rekombination ist $j_{sc}\cdot U_{oc}$ der Strom chemischer Energie, der im Leerlauf, wo alle erzeugten Elektron-Loch Paare rekombinieren müssen, mit den dabei erzeugten Photonen abgestrahlt wird.

Maximaler Kurzschlußstrom: Für einen großen Kurzschlußstrom wird eine Solarzelle möglichst dick gemacht. Durch Entspiegeln kann theoretisch ein Reflexionsgrad von $r = 0$ erreicht werden. Bei großer Dicke der Zelle und gleichzeitig großer Diffusionslänge wird der Absorptionsgrad innerhalb der Diffusionslänge $a(\hbar\omega \geq \varepsilon_G) \approx 1$.
Der durch den absorbierten Photonenstrom erzeugte Kurzschlußstrom ist dann

$$j_{sc} = -e\int_0^\infty a(\hbar\omega)\, dj_{\gamma,Sonne}(\hbar\omega) = -e\int_{\varepsilon_G}^\infty dj_{\gamma,Sonne}(\hbar\omega). \tag{7.5}$$

Maximale Leerlaufspannung: Die Leerlaufspannung U_{oc} gibt die Aufspaltung der Fermi-Energien $\varepsilon_{F,C} - \varepsilon_{F,V}$ an, bei der die Rekombination in der ganzen Zelle gleich der Generation in der ganzen Zelle wird. Die Generationsrate (pro Volumen) ist dabei wegen der ins Innere exponentiell abnehmenden Photonenstromdichte an der Oberfläche am größten. Die erzeugten Elektronen und Löcher verteilen sich gleichmäßig über die Dicke, wenn diese klein ist gegen die Diffusionslängen. Die Rekombinationsrate ist dann gleich der über die Zelle gemittelten Generationrate. Macht man die Solarzelle dünn und verhindert Oberflächenrekombination, dann muß die Rekombinationsrate (pro Volumen) und damit $\varepsilon_{F,C} - \varepsilon_{F,V}$ ansteigen, weil die über die Zellendicke gemittelte Generationsrate ansteigt. Die Leerlaufspannung wird daher maximal, wenn die Dicke der Zelle gegen Null geht. Der Anstieg der Leerlaufspannung mit abnehmender Dicke ist jedoch schwach und wiegt den Verlust an Kurzschlußstrom nicht auf. Allerdings sollte eine Zelle nicht nur aus Gründen der Materialersparnis nicht unnötig dick gemacht werden.

Ist die Rekombination ausschließlich strahlend, dann wird die Spannung am größten, und überraschenderweise spielt die Dicke von dicken Solarzellen dann keine Rolle. In dicken Zellen wird nämlich ein großer Teil der bei der Rekombination erzeugten Photonen wieder absorbiert und erzeugt wieder Elektron-Loch Paare. Die Rekombination in der ganzen Zelle ist immer gleich dem durch die Oberfläche emittierten Photonenstrom $j_{\gamma,emit}$, der einen Sättigungswert erreicht, wenn bei dicken Zellen der Absorptionsgrad seinen Maximalwert $a = 1 - r$ erreicht, der unabhängig von der Dicke ist.

Sind die Diffusionslängen groß gegen die Dicke, dann sind die Elektronen und Löcher gleichmäßig über das Volumen verteilt. Für diese homogene Verteilung ist

$$j_{\gamma,emit} = \int_0^\infty a(\hbar\omega)\, dj_\gamma^0(\hbar\omega) \exp\left(\frac{\varepsilon_{F,C} - \varepsilon_{F,V}}{kT}\right). \tag{7.6}$$

Unter der Bedingung maximalen Kurzschlußstroms, $a(\hbar\omega \geq \varepsilon_G) = 1$, und mit $\varepsilon_{F,C} - \varepsilon_{F,V} = eU$ ist

$$j_{\gamma,emit} = \exp\left(\frac{eU}{kT}\right) \int_{\varepsilon_G}^\infty dj_\gamma^0(\hbar\omega), \tag{7.7}$$

unabhängig von der Dicke.

Der Ladungsstrom, den die Solarzelle liefert, ist, wenn er in der Richtung vom p-Gebiet zum n-Gebiet (nach links in Abb.6.2) positiv gezählt wird

$$j_Q = e\, j_{\gamma,emit}(U) - e\, j_{\gamma,abs} \tag{7.8}$$

oder

$$j_Q = e\left[\exp\left(\frac{eU}{kT}\right) - 1\right]\int_{\varepsilon_G}^\infty dj_\gamma^0(\hbar\omega) - \int_{\varepsilon_G}^\infty dj_{\gamma,Sonne}(\hbar\omega). \tag{7.9}$$

Da die Spektren der 300 K Umgebungsstrahlung $dj_\gamma^0(\hbar\omega)$ und der Sonne $dj_{\gamma,Sonne}(\hbar\omega)$ (außerhalb der Atmosphäre *AM0* und auf der Erdoberfläche *AM1.5*) bekannt sind, kann der maximale Energiestrom $(j_Q \cdot U)_{max} = j_{mp} \cdot U_{mp}$ aus Gl.(7.9) ermittelt werden und daraus der Wirkungsgrad

$$\eta = \frac{j_{mp} \cdot U_{mp}}{\int_0^\infty \hbar\omega \, dj_{\gamma,Sonne}(\hbar\omega)}. \tag{7.10}$$

7.2 Wirkungsgrad als Funktion des Bandabstands

Der Kurzschlußstrom einer Solarzelle ist durch den absorbierten Photonenstrom gegeben. Er ist für Halbleiter mit Bandabstand $\varepsilon_G = 0$ maximal und nimmt mit wachsendem ε_G ab. Die Leerlaufspannung U_{oc} andererseits ist Null für $\varepsilon_G = 0$ und nimmt mit wachsendem Bandabstand zu. Der Wirkungsgrad η ist deshalb Null bei $\varepsilon_G = 0$ und bei $\varepsilon_G \to \infty$. Irgendwo dazwischen hat er ein Maximum.

Mit Gl.(7.9) und Gl.(7.10) kann der Wirkungsgrad η als Funktion des Bandabstands ε_G bei ausschließlich strahlender Rekombination für dicke Solarzellen berechnet werden, für die $a(\hbar\omega < \varepsilon_G) = 0$ und $a(\hbar\omega \geq \varepsilon_G) = 1$ ist. Abb.7.2 zeigt das Ergebnis für das *AM0*-Spektrum außerhalb der Atmosphäre und Abb.7.3 für das *AM1.5*-Spektrum auf der Erdoberfläche. Man erkennt ein breites Maximum, das Halbleiter mit einem Bandabstand ε_G zwischen 1 eV und 1.5 eV für Solarzellen geeignet erscheinen läßt. Für das *AM1.5*-Spektrum sind die Wirkungsgrade größer als für das *AM0*-Spektrum, weil es durch Ab-

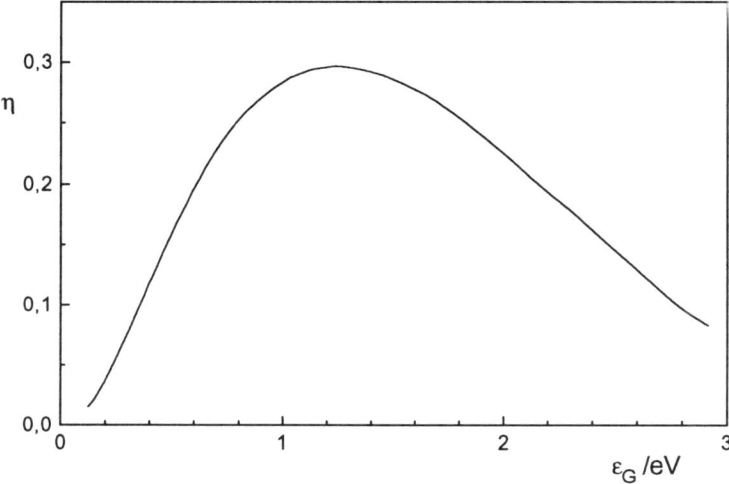

Abb. 7.2 Wirkungsgrad von Solarzellen als Funktion ihres Bandabstands für das *AM0*-Spektrum bei ausschließlich strahlender Rekombination

sorption in der Atmosphäre weniger Photonen mit $\hbar\omega < 1$ eV enthält, die von den geeigneten Halbleitern sowieso nicht genutzt werden können. Silizium und Galliumarsenid sind für das *AM1.5*-Spektrum besonders gut geeignet.

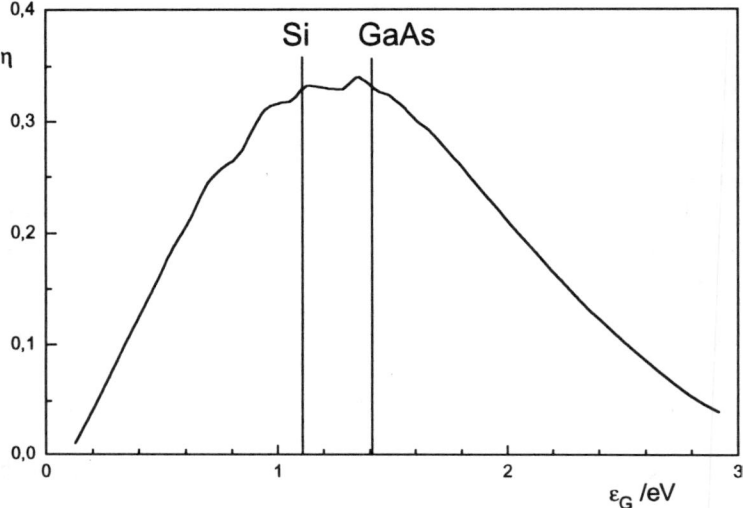

Abb. 7.3 Wirkungsgrad von Solarzellen als Funktion des Bandabstands für das *AM1.5* Spektrum bei ausschließlich strahlender Rekombination

7.3 Die optimale Silizium-Solarzelle

Silizium hat viele Vorteile. Es ist das zweithäufigste Element der Erdkruste und damit praktisch in unerschöpflichen Mengen vorhanden. Silizium ist nicht giftig. Silizium überzieht sich an Luft mit einer Oxidschicht, die es vollkommen schützt und jede weitere Korrosion verhindert. Die Grenzfläche zu einem unter sauberen Bedingungen gewachsenen Oxid hat eine sehr niedrige Dichte von Grenzflächenzuständen mit sehr kleiner Oberflächenrekombinationsgeschwindigkeit. Silizium hat mit $\varepsilon_G = 1.12$ eV einen günstigen Bandabstand für die Sonnenenergiekonversion. Bei all diesen Vorteilen hat Silizium aber den großen Nachteil der geringen Absorption. Silizium muß deswegen viel dicker sein als ein Halbleiter mit einem direkten Übergang. Noch hinzu kommt, daß die Elektronen und Löcher über die große Dicke verteilt erzeugt werden. Sie müssen bis zu den Kontakten große Strecken zurücklegen. Sie brauchen also große Diffusionslängen und Lebensdauern. Wegen der schlechten Absorption braucht man nicht nur mehr Silizium, es muß dazu auch noch besonders sauber sein.

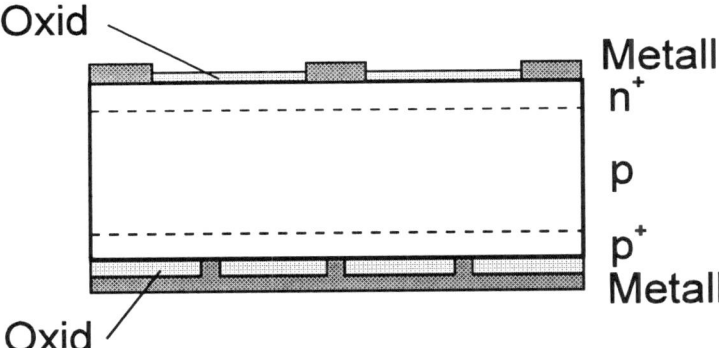

Abb. 7.4 Querschnitt durch eine pn-Solarzelle

In der üblichen Struktur einer Solarzelle sind die Kontakte auf gegenüberliegende Oberflächen aufgebracht. Für die dem Licht zugewandte Oberfläche ist das ein Problem. Metallkontakte werden deshalb nur in schmalen Streifen in kammartigen Strukturen angeordnet. Ladung muß dann auch parallel zur Oberfläche fließen. Das wird ermöglicht durch hohe Dotierung einer dünnen Schicht. Daran schließt sich ein gering dotierter Bereich über den größten Teil der Dicke der Solarzelle an. Da Elektronen eine größere Beweglichkeit als Löcher haben und also bei gleicher Lebensdauer eine größere Diffusionslänge, werden sie als Minoritätsträger gewählt. Der große Mittelbereich der Zelle wird darum p-dotiert, die Oberfläche wird stark n-dotiert, was mit n^+ bezeichnet wird. Um am Rückkontakt wenig Elektronen durch Oberflächenrekombination zu verlieren, wird durch starke p-Dotierung die Konzentration der Elektronen dort niedrig gehalten und damit ihre Rekombinationsrate. Dafür hat sich die Bezeichnung "back surface field" eingebürgert wegen der Vorstellung, daß die negative Aufladung des p^+-dotierten Bereichs, die sich im elektrochemischen Gleichgewicht mit dem schwach p-dotierten Mittelbereich einstellt, die Elektronen abstößt. Diese Abstoßung ist allerdings an der Gesamtkraft (grad η_e) nicht zu erkennen und wohl eher eine Hilfsvorstellung.

Wegen der großen Leitfähigkeit der hinteren p^+-Schicht ist eine ganzflächige Kontaktierung der Rückseite nicht nötig. Die nicht kontaktierten Gebiete der vorderen und hinteren Oberfläche werden mit einer Oxidschicht versehen, die die Oberflächenrekombination herabsetzt. Auf der Rückseite wird die Oxidschicht noch mit einer Metallschicht verspiegelt, die die noch nicht absorbierten Photonen zurückreflektiert, was die Absorption in der Zelle erhöht. Auf der Vorderseite wird die Oxidschicht zur Verringerung der Reflexion als $\lambda/4$-Schicht ausgebildet. Abb.7.4 zeigt einen Querschnitt durch diese Struktur. Unter der Annahme, daß die Vorderseite nichts reflektiert, und in der Zelle nur strahlende Rekombination und Auger-Rekombination stattfindet und keine Oberflächenrekombination, wurde die Strom-Spannungskennlinie für das *AM1.5*-Spektrum berechnet, die in Abb.7.5 gezeigt ist.

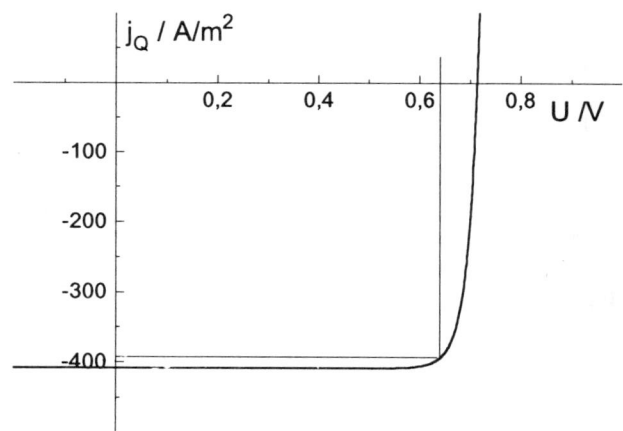

Abb. 7.5 Ladungsstrom als Funktion der Spannung für eine Si-Solarzelle mit einer Dicke von 400 µm (*AM1.5*)

7.3.1 Lichteinfang

Der Absorptionsgrad eines Körpers wächst, wenn der Reflexionsgrad sinkt und der Weg der Photonen im Körper größer wird. Diese Trivialität läßt für einen großen Absorptionsgrad noch einen anderen Weg erkennen als Entspiegelung und große Dicke. Der Reflexionsgrad eines Körpers wird vermindert, wenn die Photonen, die reflektiert werden, dabei so abgelenkt werden, daß sie ein zweites Mal auf den Körper treffen. Das wird durch die pyramidenförmige Struktur der Oberfläche in Abb.7.6 ermöglicht. Bei zweima-

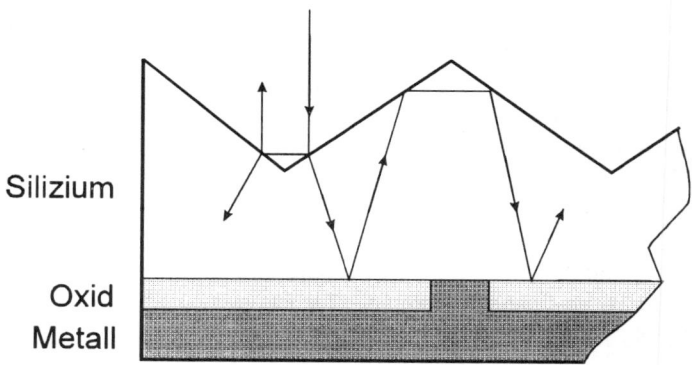

Abb. 7.6 Oberflächenstruktur, die die Reflexion reduziert und den Lichtweg vergrößert

liger Reflexion ist der Gesamtreflexionsgrad

$$r_{gesamt} = r_{einfach}^2.$$

Eine Oberfläche mit 10 Prozent Reflexion als ebene Fläche reflektiert als Pyramidenstruktur bei senkrechtem Einfall nur noch 1 Prozent.

Durch die strukturierte Oberfläche zusammen mit einer verspiegelten Rückseite wird aber auch der Lichtweg in einer Solarzelle, verglichen mit dem senkrechten Durchgang, stark verlängert. Einmal werden die Photonen durch Brechung an der strukturierten Oberfläche abgelenkt. Wichtiger aber ist, daß sie nach der Reflexion an der Rückseite mit großer Wahrscheinlichkeit unter einem solchen Winkel von innen auf die Oberfläche treffen, daß sie total-reflektiert werden.

Für den Grenzwinkel der Totalreflexion α_T gilt

$$\sin \alpha_T = \frac{1}{n_{Si}}.$$

Da der Brechungsindex von Silizium mit $n_{Si} = 3.5$ sehr groß ist, werden nur die Photonen nicht total-reflektiert, die unter einem kleineren Winkel als $\alpha_T = 16.6°$ auf die Oberfläche treffen. Die meisten Photonen sind also eingefangen und werden, wenn sie nicht absorbiert werden, erst nach mehrfacher Reflexion durchgelassen, wenn sie zufällig unter einem Winkel < 16.6° auf die Oberfläche treffen. Um wieviel der Lichtweg im Mittel dadurch verlängert wird, läßt sich leicht abschätzen, wenn man annimmt, daß der Durchgang durch die strukturierte Oberfläche zusammen mit der Reflexion an der Rückseite zu einer isotropen Verteilung der Photonen in der Solarzelle führt. Die Oberfläche streut die Photonen dann mit der gleichen Winkelverteilung, mit der eine schwarze, Lambert'sche Fläche Photonen emittiert. Für diese Winkelverteilung verteilen sich die Photonen, die von innen ohne Totalreflexion durch die Oberfläche durchgelassen werden, im Außenraum nach Abschnitt 2.1.4 auf einen effektiven Raumwinkel von π. Die isotrope Verteilung im Innern füllt den Raumwinkel 4π, in dem die Photonenstromdichte pro Raumwinkel $j_{\gamma,\Omega}$ um den Faktor n_{Si}^2 größer ist als außerhalb der Solarzelle.

Für eine Si-Zelle der Dicke L bestimmen wir den absorbierten Photonenstrom $I_{\gamma, abs}$ aus der Bilanz über den nach der Reflexion durch die Oberfläche A einfallenden Photonenstrom $(1-r) I_{\gamma, einf}$ und den aus dieser Oberfläche austretenden Photonenstrom $I_{\gamma, austr}$. Das setzt voraus, daß an der Rückseite alle Photonen reflektiert werden. Die Emission von Photonen im Inneren des Absorbers wird vernachlässigt.[1]

$$(1-r) I_{\gamma,einf} = I_{\gamma,austr} + I_{\gamma,abs}$$

Für die angenommene isotrope und homogene Verteilung der Photonen mit der Photonenstromdichte pro Raumwinkel $j_{\gamma,\Omega}$ ist der absorbierte Photonenstrom im Volumen $V = A \cdot L$

$$I_{\gamma,abs} = 4\pi \, \alpha V \, j_{\gamma,\Omega}$$

Damit erhalten wir

---

[1] E. Yablonovitch, J. Opt. Soc. Am., **72** (1982) 899

7. Grenzen der Energiekonversion in Solarzellen

$$(1-r)\, A\, j_{\gamma,einf} = A\, j_{\gamma,austr} + 4\pi\, \alpha V\, j_{\gamma,\Omega}$$

$$(1-r)\, j_{\gamma,einf} = (1-r)\frac{\pi}{n_{Si}^2} j_{\gamma,\Omega} + 4\pi\, \alpha L\, j_{\gamma,\Omega}$$

Für den Absorptionsgrad mit Lichteinfang a_L ergibt sich aus der Definition

$$a_L = \frac{I_{\gamma,abs}}{I_{\gamma,einf}} = (1-r)\frac{I_{\gamma,abs}}{I_{\gamma,austr} + I_{\gamma,abs}}$$

$$a_L = (1-r)\frac{4\pi\alpha L}{(1-r)\dfrac{\pi}{n_{Si}^2} + 4\pi\alpha L}$$

$$a_L = \frac{1-r}{\dfrac{1-r}{4 n_{Si}^2\, \alpha L} + 1} \, . \tag{7.11}$$

Für kleine Absorptionskoeffizienten α ergibt sich der Absorptionsgrad $a_L = 4 n_{Si}^2\, \alpha L$, der für nicht zu große Reflexionsgrade r überraschenderweise unabhängig vom Reflexionsgrad ist. Für Silizium ist a_L um den Faktor $4 n_{Si}^2 \approx 50$ größer als der Absorptionsgrad ohne Lichteinfang. Gegenüber dem einfachen senkrechten Durchgang wird der mittlere Lichtweg um diesen Faktor $4 n_{Si}^2 \approx 50$ verlängert. Obwohl die obige Herleitung auf einer homogenen Verteilung der Photonen basiert, die nur bei $\alpha \ll 1/L$ näherungsweise realisiert ist, ist Gl.(7.11) auch für große α mit guter Genauigkeit gültig, weil schon für $\alpha < 1/L$ der Sättigungswert $a_L = 1-r$ erreicht wird, der auch für große α nicht überschritten werden kann.

Die Vergrößerung des Absorptionsgrads durch Lichteinfang kann sogar noch größere Werte erreichen. Bei der obigen Herleitung waren wir davon ausgegangen, daß die aus der Oberfläche austretenden Photonen in den ganzen Halbraum emittiert werden, also wegen des Lambert'schen Verhaltens der streuenden Oberfläche in einen effektiven Raumwinkel π. Umgekehrt gelangt einfallende Strahlung aus dem ganzen Halbraum auch durch die Oberfläche ins Innere. Bei dieser Art von Lichteinfang muß die Solarzelle der Sonne nicht nachgeführt werden.

Nach dem in Abschnitt 2.5 besprochenen Rezept wird eine maximale Konzentration der Sonnenstrahlung erreicht, wenn die die Oberfläche verlassenden Photonen nicht in den ganzen Halbraum, sondern nur auf die Sonne emittiert werden. Es ist theoretisch denkbar, die Oberfläche so zu strukturieren, z.B. durch nebeneinander liegende verspiegelte Paraboloide, die nur durch ein nicht verspiegeltes Loch am Boden Photonen in den Halbleiter hinein- oder aus ihm herauslassen, daß die austretenden Photonen nur die Sonne treffen. Die Dichte der nicht oder nur schwach absorbierten Photonen steigt dann im Halbleiter auf das n^2-fache der Photonendichte auf der Sonnenoberfläche.

Eine Solarzelle, die nur Strahlung mit der Sonne austauscht, müßte der Sonne natürlich nachgeführt werden. Mit diesem Aufwand würde der Absorptionsgrad für absorbierbare Photonen mit $\hbar\omega > \varepsilon_G$ noch wesentlich steiler ansteigen als in Abb.7.7 gezeigt, der Gewinn an zusätzlich aus dem Sonnenspektrum absorbierten Photonen ist jedoch gering.

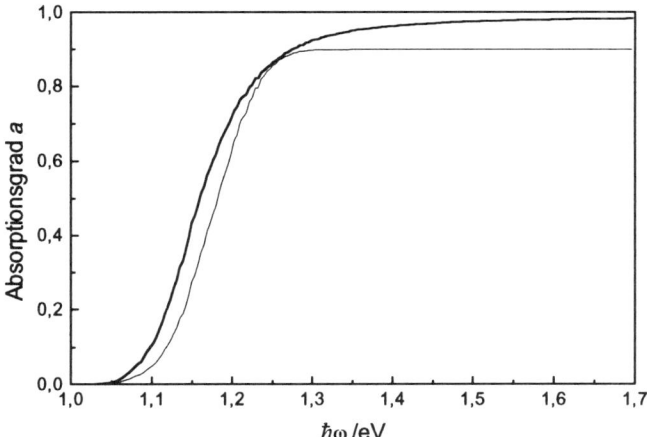

Abb. 7.7 Absorptionsgrad a_L als Funktion der Photonenenergie $\hbar\omega$ von 20 µm dickem Silizium mit Lichteinfang (dick) und von 400 µm dickem Silizium ohne Lichteinfang (dünn)

Mit der Technik des Lichteinfangs können mit kristallinem Silizium trotz der kleinen Absorptionskonstanten sehr dünne Solarzellen realisiert werden. Dabei muß aber berücksichtigt werden, daß die abgeschätzte Verlängerung des mittleren Lichtwegs auf der inkohärenten Streuung der Photonen beruht, die Abmessungen der Oberflächenstruktur und die Dicke der Zelle daher groß gegen die Wellenlänge sein müssen. In Abb. 7.7 erkennt man, daß eine 20 µm dicke Silizium-Schicht mit Lichteinfang einen etwas größeren Absorptiongrad erreicht als eine 400 µm dicke Scheibe ohne Lichteinfang.

Abb. 7.8 zeigt die theoretische Strom-Spannungskennlinie einer optimalen 20 µm-dicken Si-Zelle mit Lichteinfang im *AM1.5*-Spektrum bei Berücksichtigung von strahlender Rekombination und von Auger-Rekombination. Sie erreicht eine größere Leerlaufspannung als die 400 µm-dicke Zelle ohne Lichteinfang in Abb. 7.5, weil die Auger-Rekombination bei gleicher Spannung wegen des kleineren Volumens geringer ist.
Ein Problem für zukünftige Entwicklungen ist, daß dünne Siliziumschichten eine stabile Unterlage brauchen. Das bisher einzige Substrat, auf dem einkristalline Siliziumschichten gut wachsen, ist aber kristallines Silizium. Es muß allerdings nicht besonders sauber sein.

Strukturierte Oberflächen verbessern auch die Eigenschaften dicker Zellen durch Herabsetzen der Reflexion und Verbesserung der Absorption für Photonen mit $\hbar\omega \approx \varepsilon_G$. Die beste Solarzelle für das unkonzentrierte *AM1.5*-Spektrum ist aus kristallinem Silizium und hat alle oben besprochenen Eigenschaften einer optimalen Si-Solarzelle [2]. Ihr Wirkungsgrad ist 24 %. Ihr Aufbau ist in Abb. 7.9 zu sehen.

---

[2] M. A. Green, Proc. 10. E.C. Photovoltaic Solar Energy Conference, Lissabon 1991, S.250

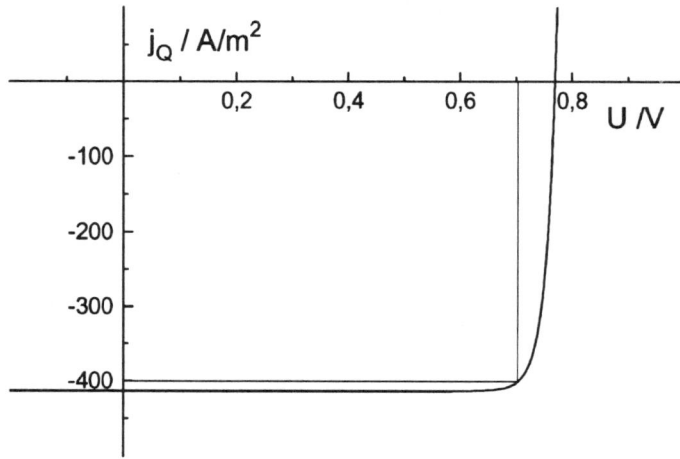

Abb. 7.8 Ladungsstrom als Funktion der Spannung einer nur 20 μm dicken Si-Solarzelle, deren Absorption durch Lichteinfang vergrößert ist (*AM1.5*)

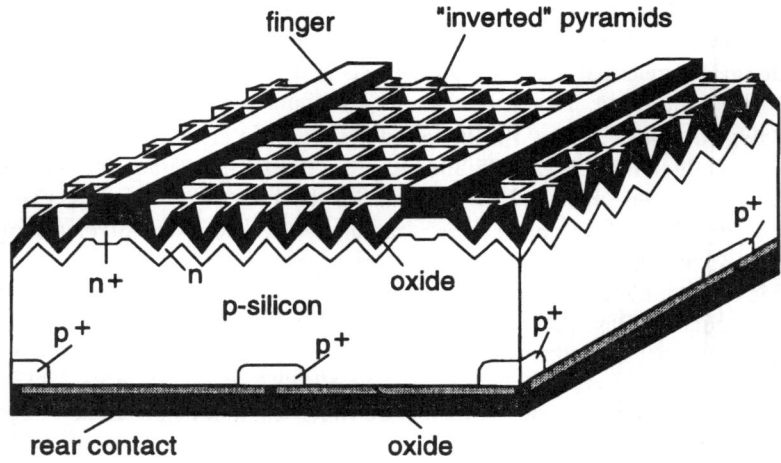

Abb. 7.9 Aufbau der von M.Green entwickelten, bisher besten Solarzelle aus Silizium mit einem Wirkungsgrad von 24 %.

7.4 Dünnschicht-Solarzellen

Silizium hat für Solarzellen so viele Vorteile, daß andere Materialien nur dann konkurrieren können, wenn sie nicht auch seinen Nachteil, die schlechte Lichtabsorption haben. In mit Silizium konkurrierenden Materialien müssen die Übergänge zwischen Valenz- und Leitungsband direkt sein. Der Absorptionskoeffizient hat dann große Werte. Zur Absorption des absorbierbaren Teils des Sonnenspektrums werden nur Dicken von wenigen µm in Dünnschicht-Solarzellen benötigt. Bei gleicher Zahl von Rekombinationszentren wie in einer Siliziumzelle kann ihre Konzentration in dem kleineren Volumen einer Dünnschicht-Solarzelle entsprechend größer sein. Eine geringere Reinheit und das Vorhandensein von Korngrenzen in polykristallinen Schichten können toleriert werden. Wegen der kleineren Abstände zu den Oberflächen dürfen auch die Diffusionslängen kleiner sein. Das ermöglicht den Einsatz von Materialien mit kleiner Beweglichkeit. Alle diese Vorteile lassen für Dünnschicht-Solarzellen wesentlich geringere Kosten erhoffen.
Wegen der großen Nähe zur Oberfläche und der dort drohenden Oberflächen-Rekombination ist, wie für das Silizium das SiO_2, eine passivierende Zwischenschicht von Vorteil. Da in dieser Schicht keine Elektron-Loch Paare erzeugt werden dürfen, muß sie einen großen Bandabstand haben. Sie wird als Fensterschicht bezeichnet, durch die die Photonen ungehindert hindurchgehen, die die Elektronen und Löcher aber vor der rauhen Außenwelt schützt. Die Grenzfläche zwischen der Fensterschicht und dem Absorber sollte eine geringe Dichte an Grenzflächen-Zuständen haben, um dort die Rekombination zu vermeiden. So gute Eigenschaften wie an der Si/SiO_2 - Grenzfläche sind jedoch kaum zu erreichen.
Ein Nachteil vieler Materialien mit direkten Übergängen und günstigem Bandabstand ist, daß sie sich mit Ausnahme von amorphem Silizium nicht gleich gut n-typ wie p-typ dotieren lassen. Die für Solarzellen benötigte Struktur erfordert dann Heteroübergänge. Um die Erfordernisse der Struktur mit denen der Fensterschicht zu kombinieren, werden Heteroübergänge zwischen der Absorberschicht und hoch dotierten Materialien großen Bandabstands angestrebt. Beispiele sind die Kombinationen n-typ CdS/p-typ $CuInSe_2$ (abgekürzt CIS) oder n-typ CdS/p-typ CdTe.
Interessant ist, daß amorphes Silizium (a-Si) auch zu den Dünnschicht-Materialien zählt. Amorphes Silizium ist Silizium ohne kristalline Struktur. Wegen der fehlenden Fernordnung, d.h. der Gleichheit der Verhältnisse nur noch in sehr kleinen Volumina, ist nach der Unbestimmtheitsrelation in Gl.(2.3) der Impuls der Elektronen in gebundenen Zuständen (Valenzband) und ungebundenen Zuständen (Leitungsband) in großem Maße unbestimmt. Bei Übergängen zwischen diesen Zuständen werden deshalb keine Phononen gebraucht, um die Impulserhaltung zu gewährleisten. Die Übergänge sind direkt und haben große Absorptionskonstanten. Die fehlende Ordnung hat aber den Nachteil, daß die Zustände für Elektronen und Löcher nicht scharf auf Bänder begrenzt sind. Die Zustände füllen die ganze verbotene Zone. Durch Einbau von etwa 10% Wasserstoff (a-Si:H) werden viele in der amorphen Struktur freie Bindungen der Silizium Atome durch H-Atome abgesättigt. Die Dichte der Zustände in der verbotenen Zone wird drastisch reduziert, das Material wird dadurch erst dotierbar. Die Absättigung freier Bindungen durch Wasserstoff ist allerdings nicht ganz stabil. Sie bricht bei Belichtung durch den Einfang der dabei erzeugten Minoritätsträger wieder auf. Diese als Stäbler-Wronski-Effekt bezeichnete Eigenschaft führt zu einer stetigen, sich mit der Zeit verlangsamenden Abnahme des Wirkungsgrads von Solarzellen aus a-Si:H.

7.5 Ersatzschaltung

In der Strom-Spannungskennlinie der Solarzelle in Gl.(6.28) kann der Strom I_Q als Summe des Stroms durch den pn-Übergang im Dunkeln und des Stroms I_{sc} einer Stromquelle angesehen werden, die, damit sich ihre Ströme addieren, parallel geschaltet sind. Abb.7.10 zeigt das so entstandene Ersatzschaltbild für eine Solarzelle, das noch um 2 Elemente erweitert ist. Der Widerstand R_P, der parallel zu den Dioden des 2-Dioden-Modells liegt, faßt Kurzschlüsse zusammen, die in realen Solarzellen über die Oberflächen oder an Korngrenzen auftreten können. Mit dem Serienwiderstand R_S werden alle Spannungsabfälle an Transportwiderständen der Solarzelle oder der Anschlüsse erfaßt. Die Kennliniengleichung lautet dann

$$I_Q = I_{Sp1}\left[\exp\left(\frac{e\,(U-I_Q R_S)}{kT}\right)-1\right]+I_{Sp2}\left[\exp\left(\frac{e\,(U-I_Q R_S)}{2kT}\right)-1\right]+I_{sc}+\frac{U-I_Q R_S}{R_P}. \quad (7.12)$$

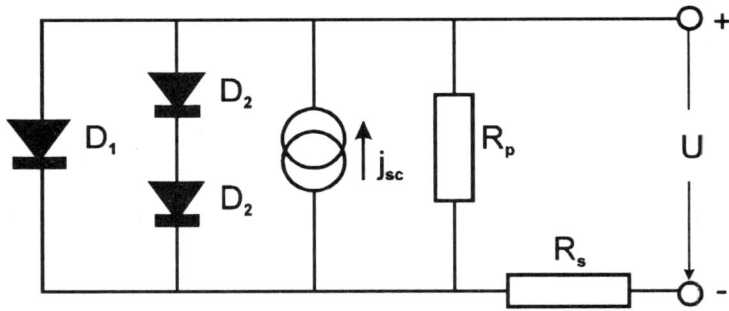

Abb. 7.10 Ersatzschaltung einer Solarzelle durch (von links) Diode D_1 mit direkter Rekombination, Dioden D_2 mit Störstellen-Rekombination, Stromquelle j_{sc}, Parallelwiderstand R_P und Serienwiderstand R_S

Abb.7.11 zeigt, wie die Kennlinie jeweils einzeln durch R_P und R_S verändert wird. Die Wirkung des Serienwiderstands allein ist eine dem Strom proportionale Verschiebung der Kennlinie zu kleineren Spannungen. Die Wirkung des Parallelschlusses allein ist eine der Spannung proportionale Verschiebung der Kennlinie zu größeren positiven Strömen. Beide Effekte, sowohl einzeln als auch kombiniert, führen hauptsächlich zu einer Verkleinerung des Füllfaktors FF.

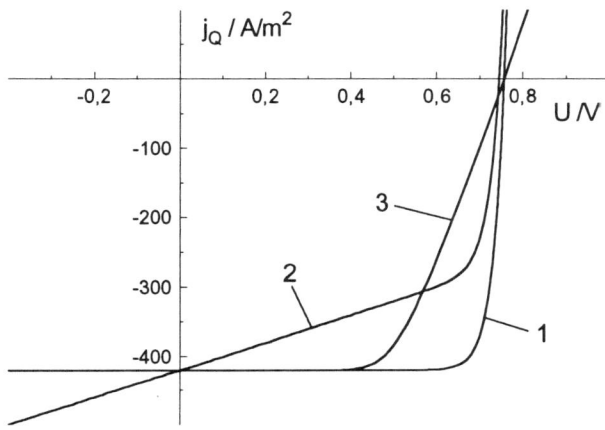

Abb. 7.11 Kennlinien einer Solarzelle mit 2) $R_S = 0\Omega$, $R_P = 50\Omega$, und 3) $R_S = 5\Omega$, $R_P = \infty$ im Vergleich zu 1) $R_S = 0\Omega$ und $R_P = \infty$

7.6 Temperaturabhängigkeit der Leerlaufspannung

Solarzellen führen nur einen kleinen Teil des absorbierten Energiestroms als elektrische Energie nach außen ab. Den Rest geben sie als Wärme ab, und dazu müssen sie eine höhere Temperatur als die Umgebung haben. Bei voller Sonneneinstrahlung von 1 kW/m² liegt die Temperaturdifferenz zur Umgebung bei einigen 10 K.

Bei Erwärmung wird der Bandabstand kleiner. Dadurch wird der absorbierte Photonenstrom größer, was zu einem geringen Anwachsen des Kurzschlußstroms j_{sc} führt. Nachteilig wirkt sich die Erwärmung aber auf die Leerlaufspannung aus. Aus

$$U_{oc} = \frac{1}{e}(\eta_e + \eta_h) = \frac{kT}{e} \ln \frac{n_e n_h}{n_i^2} \tag{7.13}$$

finden wir für die Temperaturabhängigkeit

$$\frac{dU_{oc}}{dT} = \frac{k}{e} \ln \frac{n_e n_h}{n_i^2} + \frac{kT}{e}\left[\frac{1}{n_e}\frac{dn_e}{dT} + \frac{1}{n_h}\frac{dn_h}{dT} - \frac{1}{n_i^2}\frac{d(n_i^2)}{dT}\right]. \tag{7.14}$$

Darin ist $\quad n_i^2 = N_C N_V e^{-\frac{\varepsilon_G}{kT}} \quad$ und $\quad \dfrac{d(n_i^2)}{dT} = \dfrac{\varepsilon_G}{kT^2} n_i^2.$

Damit wird

$$\frac{dU_{oc}}{dT} = \frac{U_{oc} - \varepsilon_G/e}{T} + \frac{kT}{e}\left(\frac{1}{n_e}\frac{dn_e}{dT} + \frac{1}{n_h}\frac{dn_h}{dT}\right). \tag{7.15}$$

Über die Ausdrücke in der Klammer sind keine allgemeinen Aussagen möglich, außer, daß sie wohl beide < 0 sind, und der erste im n-Leiter, der zweite im p-Leiter vernachlässigbar ist. Die wesentliche Temperaturabhängigkeit rührt von $(U_{oc} - \varepsilon_G/e)/T$ her. Sie ist umso stärker, je kleiner U_{oc}, je schlechter also die Zelle ist.

Für eine Siliziumzelle mit U_{oc} = 0.6 V und ε_G = 1.12 eV bei T = 300K ist $dU_{oc}/dT = -1.7\,mV/K$. Das bedeutet, daß die Leerlaufspannung um 0.3% sinkt pro Grad Temperaturerhöhung.

Eine Temperaturerhöhung um 50 K senkt die Leerlaufspannung mit 85 mV um 14 %. In ähnlicher Weise wird der Wirkungsgrad sinken.

7.7 Wirkungsgrade der Einzelprozesse der Energiekonversion

Mit einer theoretischen Grenze für den Wirkungsgrad von η = 0.3 für das *AM0*-Spektrum ist die Energiekonversion mit einer Solarzelle noch sehr weit entfernt von der theoretischen Grenze von η_{max} = 0.85 für die solarthermische Maschine in Abschnitt 2.5.

Es ist ganz lehrreich, die Prozesse in einer Solarzelle noch einmal einzeln anzusehen und den Gesamtwirkungsgrad in die Wirkungsgrade der Einzelprozesse aufzuteilen, um zu erkennen, wo die größten Verluste auftreten. In Abb.7.12 sind die einzelnen Prozesse

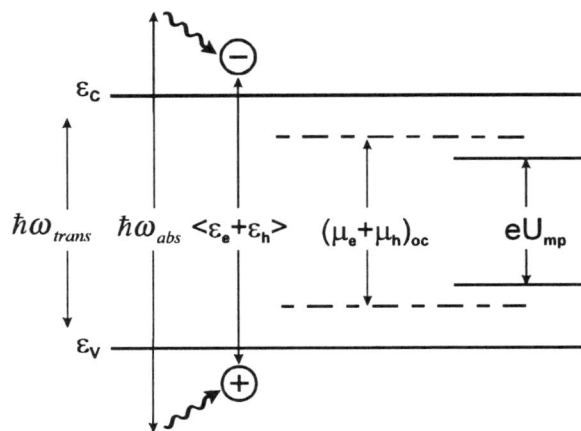

Abb. 7.12 Einzelprozesse in einer Solarzelle

Wirkungsgrade der Einzelprozesse der Energiekonversion

schematisch gezeigt.
Der erste Prozeß ist die Absorption des einfallenden Energiestroms. Er rührt vom Strom der absorbierten Photonen her, die im Mittel die Energie $<\hbar\omega_{abs}>$ haben. Diese ist größer als die mittlere Energie der einfallenden Photonen, da ja nur die Photonen mit $\hbar\omega > \varepsilon_G$ absorbiert werden. Nehmen wir an, daß jedes absorbierte Photon ein Elektron-Loch Paar erzeugt, das bei äußerem Kurzschluß zum Strom beiträgt, dann ist

$$j_{E,abs} = j_{\gamma,abs} \cdot <\hbar\omega_{abs}> = \frac{-j_{sc}}{e} <\hbar\omega_{abs}> . \tag{7.16}$$

Der Absorptionswirkungsgrad ist

$$\eta_{abs} = \frac{j_{E,abs}}{j_{E,einfallend}} . \tag{7.17}$$

Der zweite Prozeß ist die Thermalisierung der Elektron-Loch Paare, die mit der mittleren Energie $<\hbar\omega_{abs}>$ erzeugt werden und nach der Thermalisierung die mittlere Energie $<\varepsilon_e+\varepsilon_h> = \varepsilon_G + 3kT$ haben. Sein Wirkungsgrad ist

$$\eta_{Thermalisierung} = \frac{<\varepsilon_e + \varepsilon_h>}{<\hbar\omega_{abs}>} . \tag{7.18}$$

Der dritte Faktor gibt an, wieviel chemische Energie $(\mu_e + \mu_h)_{oc} = eU_{oc}$ maximal aus der Energie $<\varepsilon_e + \varepsilon_h>$ der Elektron-Loch Paare gewonnen werden kann. Er ist der Wirkungsgrad für die thermodynamische Begrenzung der Energiekonversion

$$\eta_{thermodynamisch} = \frac{eU_{oc}}{<\varepsilon_e + \varepsilon_h>} . \tag{7.19}$$

Unter der Bedingung offener Klemmen ist zwar die chemische Energie pro Elektron-Loch Paar maximal, sie wird aber vollständig mit den emittierten Photonen abgeführt.

Schließlich brauchen wir mit dem Füllfaktor FF einen weiteren Faktor, der angibt, wieviel des maximalen chemischen Energiestroms $-j_{sc} U_{oc}$ von der Solarzelle am Punkt maximaler Leistung als elektrischer Energiestrom $j_{mp} U_{mp}$ geliefert wird

$$FF = \frac{j_{mp} \cdot U_{mp}}{j_{sc} \cdot U_{oc}} . \tag{7.20}$$

Das Produkt dieser Wirkungsgrade ist der Gesamtwirkungsgrad

$$\eta = \underbrace{\frac{j_{E,abs}}{j_{E,einf}}}_{\eta_{abs}} \underbrace{\frac{<\varepsilon_e+\varepsilon_h>}{<\hbar\omega_{abs}>}}_{\eta_{Thermalisierung}} \underbrace{\frac{eU_{oc}}{<\varepsilon_e+\varepsilon_h>}}_{\eta_{thermodynamisch}} \underbrace{\frac{j_{mp} U_{mp}}{-j_{sc} U_{oc}}}_{FF} = \frac{j_{mp} U_{mp}}{j_{E,einf}} . \tag{7.21}$$

Für Silizium und speziell für die 20 μm dicke Zelle mit Lichteinfang der Abb. 7.9 gilt bei Einstrahlung des AM1.5 Spektrums

$$<\hbar\omega_{abs}> = 1.80\,\text{eV}$$

$$<\varepsilon_e + \varepsilon_h> = \varepsilon_G + 3kT = 1.2\,\text{eV}$$

$$j_{sc} = 413\,\text{A}/\text{m}^2 \qquad j_{mp} = 401\,\text{A}/\text{m}^2$$

$$U_{oc} = 0.770\,\text{V} \qquad U_{mp} = 0.702\,\text{V}$$

$$\eta_{abs} = 0.74$$

$$\eta_{Thermalisierung} = 0.67$$

$$\eta_{thermodynamisch} = 0.64$$

$$FF = 0.89\ .$$

Das ergibt einen Gesamtwirkungsgrad von $\eta = 0.74 \cdot 0.67 \cdot 0.64 \cdot 0.89 = 0.28$.

Besonders klein und damit verbesserungsbedürftig sind der Wirkungsgrad für die Thermalisierung und der Anteil der chemischen Energie an der Energie der Elektron-Loch Paare.

Die Verringerung der Thermalisierungsverluste und die Verbesserung des Absorptionswirkungsgrads sind gleichzeitig dadurch zu erreichen, daß man der Siliziumsolarzelle nur Photonen in dem kleinen Intervall $\varepsilon_G < \hbar\omega < \varepsilon_G + d\varepsilon$ anbietet und die anderen Photonen mit Solarzellen eines anderen Bandabstands verarbeitet. Zellen, die so zusammen betrieben werden, nennt man Tandemzellen.

7.8 Tandemzellen

Eine Solarzelle mit dem Bandabstand ε_G und dem idealisierten Absorptionsgrad $a(\hbar\omega < \varepsilon_G) = 0$, $a(\hbar\omega \geq \varepsilon_G) = 1$ hat für ein schwarzes Sonnenspektrum den Kurzschlußstrom

$$j_{sc} = -e \frac{\Omega_S}{4\pi^3 \hbar^3 c^2} \int_{\varepsilon_G}^{\infty} \frac{(\hbar\omega)^2}{\exp\left(\dfrac{\hbar\omega}{kT_s}\right) - 1} d\hbar\omega. \tag{7.22}$$

Abb. 7.13 zeigt den Kurzschlußstrom j_{sc} als Funktion des Bandabstands ε_G/e. Nach der Thermalisation ist der in die Elektron-Loch Paare geflossene Energiestrom

$$j_{E,eh} = -j_{sc} \cdot \varepsilon_G/e = j_{\gamma,abs} \cdot \varepsilon_G. \tag{7.23}$$

Mit $<\varepsilon_e + \varepsilon_h> = \varepsilon_G$ statt $\varepsilon_G + 3kT$ teilen wir den Gesamtwirkungsgrad η jetzt etwas anders (und nicht ganz korrekt) in den Thermalisierungs- und den thermodynamischen Wirkungsgrad auf.

Das schraffierte Rechteck in Abb. 7.13 zeigt den nach der Thermalisierung in die Elektron-Loch Paare fließenden Energiestrom $j_{E,eh}$ für denjenigen Bandabstand, für den $j_{E,eh}$ maximal wird.

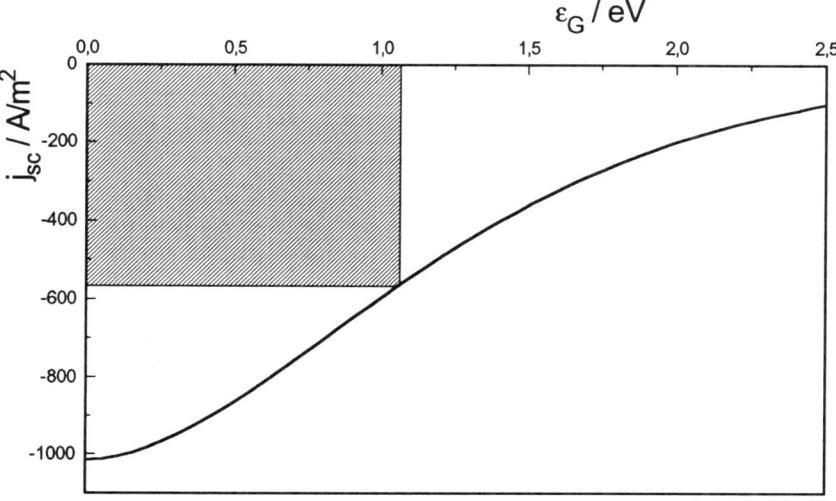

Abb. 7.13 Kurzschlußstrom als Funktion des Bandabstands ε_G für ein schwarzes Spektrum mit $T_S = 5800$ K

Die Fläche unter der Kurve $j_{sc}(\varepsilon_G/e)$ gibt den gesamten Energiestrom $j_{E,Sonne}$ an, der von der Sonne einfällt. Das sieht man am besten, wenn man die Änderung von dj_{sc} bei einer kleinen Änderung $d\varepsilon_G$ bestimmt

$$dj_{sc} = e \frac{\Omega_s}{4\pi^3 \hbar^3 c^2} \frac{\varepsilon_G^2}{\exp\left(\frac{\varepsilon_G}{kT_s}\right) - 1} d\varepsilon_G \qquad (7.24)$$

und dann über die absorbierte Energie $\frac{\varepsilon_G}{e} \cdot dj_{sc}$ integriert

$$j_E = \int_0^\infty \frac{\varepsilon_G}{e} dj_{sc} = \frac{\Omega_s}{4\pi^3 \hbar^3 c^2} \int_0^\infty \frac{\varepsilon_G^3}{\exp\left(\frac{\varepsilon_G}{kT_s}\right) - 1} d\varepsilon_G. \qquad (7.25)$$

Weil der Wert eines bestimmten Integrals nicht vom Namen der Variablen abhängt, könnten wir sie auch $\hbar\omega$ nennen und sehen, daß Gl.(7.25) die Dichte des von der Sonne einfallenden Energiestroms angibt. Das schraffierte Rechteck, als der nach der Thermalisierung maximal in die Elektron-Loch Paare überführte Energiestrom, macht 42 % des einfallenden Energiestroms aus. Die rechts vom Rechteck liegende Fläche unter der Kurve gibt den bei der Thermalisation verlorenen Energiestrom an. Die unterhalb des Rechtecks bis zur $j_{sc}(\varepsilon_G/e)$-Kurve liegende Fläche ist der von der Solarzelle nicht absorbierte

Energiestrom, der ungenutzt bleibt. Eine Solarzelle mit $\varepsilon_G = 1.1$ eV hätte einen Wirkungsgrad von 42%, wenn der thermodynamische Wirkungsgrad gleich 1 wäre. Sie müßte dazu bei T = 0K betrieben werden.

Abb.7.14 zeigt, wie sich zwei Solarzellen mit verschiedenen Bandabständen ε_{G1} und ε_{G2} den einfallenden Energiestrom teilen, wobei dieser zuerst auf die Zelle mit dem größeren Bandabstand ε_{G2} fällt, die alle Photonen mit $\hbar\omega \geq \varepsilon_{G2}$ absorbiert und alle mit $\hbar\omega < \varepsilon_{G2}$ durchläßt. Die dahinterliegende Zelle mit dem kleineren Bandabstand absorbiert die Photonen mit $\varepsilon_{G1} \leq \hbar\omega < \varepsilon_{G2}$.

Für die zwei Zellen in Abb.7.14 sind auch die Strom-Spannungskennlinien eingezeichnet und mit der schraffierten Fläche der maximale elektrische Energiestrom, den die Zellen liefern. Wieder wurde dabei vorausgesetzt, daß nur strahlende Rekombination auftritt.

Abb.7.15 zeigt, welcher Gesamtwirkungsgrad mit zwei Zellen mit den Bandabständen ε_{G1} und ε_{G2} bei Addition ihrer Energieströme erreicht wird. Für das *AM0*-Spektrum ist die optimale Kombination $\varepsilon_{G1} = 1.0$ eV und $\varepsilon_{G2} = 1.9$ eV mit einem Gesamtwirkungsgrad von $\eta = 0.44$.

Weitet man die Aufteilung des Spektrums auf unendlich viele hintereinander mit kontinuierlich abnehmendem Bandabstand angeordnete Solarzellen aus, dann wird der gesamte von der Sonne einfallende Energiestrom in die Energie der Elektron-Loch Paare überführt; es treten überhaupt keine Thermalisationsverluste mehr auf. Jede Zelle absor-

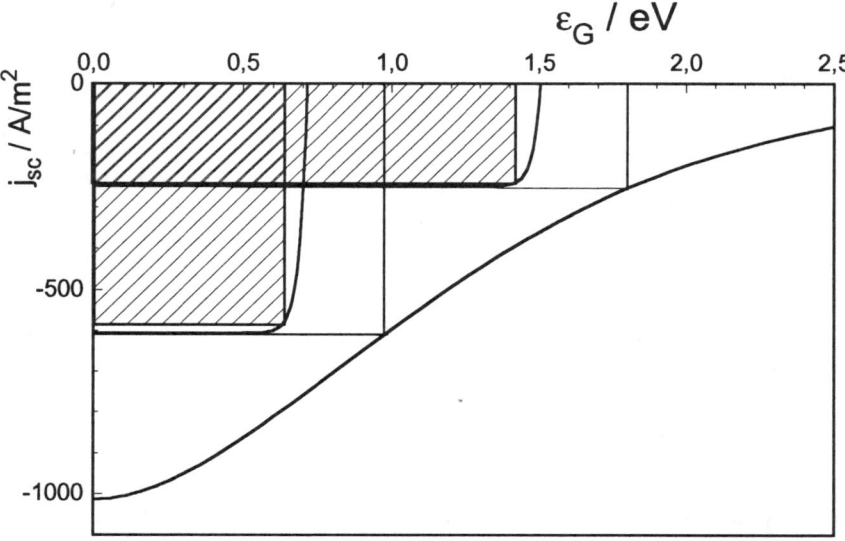

Abb. 7.14 Kennlinien von zwei Solarzellen mit Bandabstand $\varepsilon_{G1} = 0.98$ eV und $\varepsilon_{G2} = 1.8$ eV

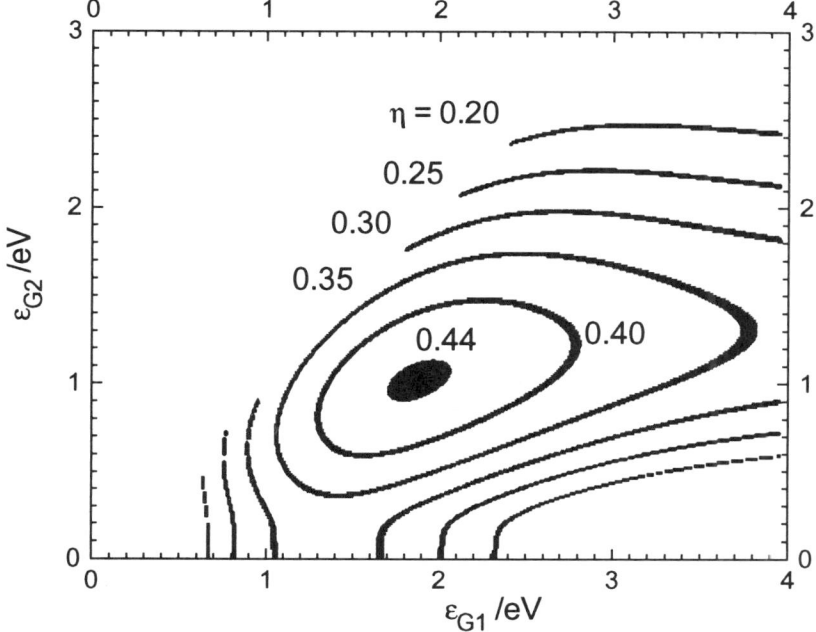

Abb. 7.15 Wirkungsgrad für zwei Tandemsolarzellen mit den Bandabständen ε_{G1} und ε_{G2} bei Addition ihrer Energieströme für das *AM0*-Spektrum

biert vom einfallenden Photonenstrom diejenigen Photonen, deren Energie im Intervall $\varepsilon_G \leq \hbar\omega < \varepsilon_G + d\varepsilon_G$ liegt, wenn die Bandabstände benachbarter Zellen sich um $d\varepsilon_G$ unterscheiden.

Im Leerlauf bei nur strahlender Rekombination werden genau soviele Photonen emittiert wie absorbiert werden. Da Thermalisierungsverluste fehlen, ist das emittierte Spektrum mit dem absorbierten Spektrum identisch. Alle emittierten Photonen haben die gleiche Temperatur, nämlich die Temperatur der Zelle, aber sie haben unterschiedliche chemische Potentiale, weil auch die Leerlaufspannungen der einzelnen Zellen verschieden sind. Setzen wir noch maximale Konzentration der einfallenden Sonnenstrahlung voraus, dann ist das chemische Potential μ_γ der emittierten Photonen nach dem verallgemeinerten Planck'schen Strahlungsgesetz (3.59) für eine Zelle, die Photonen der Energie $\hbar\omega = \varepsilon_G$ absorbiert und emittiert

$$\mu_\gamma = \hbar\omega(1 - T_0/T_S) = \varepsilon_G(1 - T_0/T_S) \tag{7.26}$$

Bei der Behandlung maximaler Wirkungsgrade in Kapitel 2 hatten wir kennengelernt, daß der Landsberg-Wirkungsgrad einen Absorber erfordert, der fähig ist, Sonnenstrahlung ohne Entropieerzeugung zu absorbieren, obwohl seine Temperatur die Umgebungstemperatur ist und nicht die Sonnentemperatur. Das unendliche Tandem ist ein solcher Absorber. Im Gegensatz zum unendlichen Tandem, bei dem die Entropieerzeugung durch die Erzeugung chemischer Energie vermieden wird, fordert der Landsberg-

Wirkungsgrad aber auch noch, daß der Absorber Photonen mit $\mu_\gamma = 0$ emittiert. Das unendliche Tandem kann Entropieerzeugung nur im Leerlauf vermeiden, in dem der absorbierte Energiestrom vollständig zur Sonne zurückgestrahlt wird, während der Landsberg-Wirkungsgrad Prozesse fordert, die die Entropieerzeugung sogar im Kurzschluß vermeiden.
Auch im Punkt maximaler Leistung, in dem jede Zelle des unendlichen Tandems eine andere Spannung U_{mp} liefert und Photonen mit einem anderen chemischen Potential $\mu_\gamma = eU_{mp}$ aber immer mit der Temperatur T_0 emittiert, ist das emittierte Spektrum identisch mit einem schwarzen Spektrum, das jetzt eine Temperatur von etwa 2500K hat, die auch der Zwischenabsorber bei der photothermischen Konversion in Abschnitt 2.5 hat. Die theoretisch mit einem unendlichen Tandem erreichbare Grenze des Wirkungsgrads ist denn auch mit $\eta = 0.85$ identisch mit der der photothermischen Konversion.[3]

7.8.1 Schaltungsprobleme bei Tandemzellen

Für die optimale Absorption der einfallenden Photonen werden die Zellen des Tandems hintereinander angeordnet. Dabei sollte auf elektrische Kontakte zwischen den Zellen verzichtet werden, die Photonen absorbieren. Damit sind die Zellen elektrisch in Serie geschaltet. Die Spannungen der Einzelzellen müssen alle das gleiche Vorzeichen haben. Bei pn-artigen Strukturen muß dazu von allen Zellen der gleiche Bereich, z.B. der n-Bereich, der Sonne zugewandt sein. Zwischen den Zellen ergeben sich dadurch pn-Übergänge in der verkehrten Reihenfolge, die Photospannungen mit verkehrter Polarität erzeugen. Das wird verhindert durch sehr starke Dotierung dieser falsch gepolten pn-Übergänge ($N_D, N_A > N_C, N_V$). Dadurch werden sie zu Tunneldioden, in denen durch Tunneln zwischen Valenz- und Leitungsband sehr große Rekombinations- und Generationsraten im Dunkeln entstehen. Sie leiten deshalb in der üblichen Sperrichtung gut und absorbieren wegen ihrer sehr geringen Dicke nur wenig Licht.
Die Serienschaltung erzwingt, daß durch alle Zellen der gleiche Ladungsstrom fließt. Abb.7.16 zeigt, wie sich die Kennlinie eines Tandems von zwei Zellen mit unterschiedlichen Kurzschlußströmen aus den Einzelkennlinien ergibt. Die Zelle mit dem kleineren Kurzschlußstrom bestimmt den Gesamtstrom. Um Verluste durch Serienschaltung zu vermeiden, müssen die Bandabstände so gewählt werden, daß die Ströme j_{mp} in den Punkten maximaler Leistung für alle Zellen gleich sind. Da sich das Spektrum der Sonnenstrahlung im Lauf des Tages und des Jahres wegen sich ändernder Wege durch die Atmosphäre ändert, ist die dauernde Gleichheit der Ströme jedoch, genau genommen, nicht erreichbar.
Vom Problem der gleichen Ströme kann man nur los kommen und hat dann auch freiere Wahl bei den Bandabständen, wenn auch in einem Tandem jede Zelle zwei von den anderen Zellen isolierte Anschlüsse hat. Nachdem alle Zellenspannungen durch Gleichspannungswandler auf den gleichen Wert gebracht wurden, werden sie parallel geschaltet.

---

[3] A. de Vos, Proc. 5. E.C. Photovoltaic Solar Energy Conference, Athens 1983, S.186

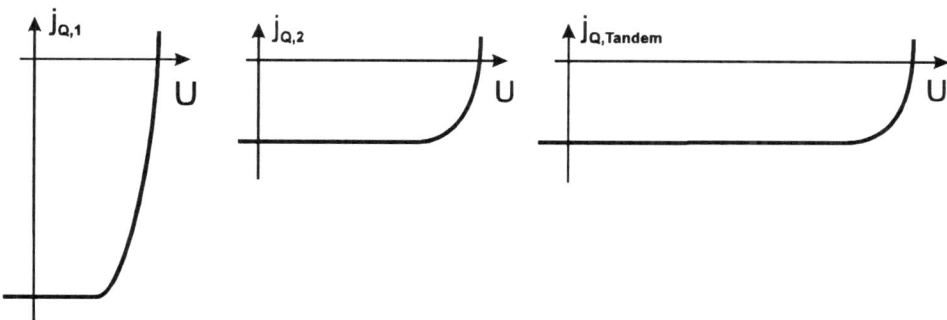

Abb. 7.16 Kennlinie der Serienschaltung von zwei Solarzellen mit verschiedenen Kurzschlußströmen und Leerlauf-Spannungen

7.9 Konzentrator-Zellen

Im 2. Kapitel hatten wir uns überlegt, wie und vor allem wie stark man die einfallende Sonnenstrahlung konzentrieren kann. Mit konzentrierter Strahlung wird für den gleichen Energiestrom eine kleinere Solarzellenfläche benötigt als für unkonzentrierte Strahlung. Ein weiterer Vorteil ist, daß konzentrierte Strahlung mit einem höheren Wirkungsgrad verarbeitet wird. Bei gleichbleibendem Füllfaktor (theoretisch wächst er geringfügig mit wachsender Intensität) ist ja der Energiestrom, den die Solarzelle liefert, proportional zum Produkt von Kurzschlußstrom und Leerlaufspannung. Da der Kurzschlußstrom proportional zum absorbierten Photonenstrom ansteigt, also proportional zum Konzentrationsfaktor, zeigt der Wirkungsgrad die gleiche Intensitätsabhängigkeit wie die Leerlaufspannung.
Die Leerlaufspannung wächst nach Gl.(7.13) logarithmisch mit dem Produkt der Konzentrationen von Elektronen und Löchern. Für die Rekombination von freien Elektronen mit freien Löchern ist die Rekombinationsrate proportional zum Produkt ihrer Konzentrationen. Dabei muß die Rekombination nicht unbedingt strahlend sein, die Mitwirkung von Störstellen sei allerdings ausgeschlossen. Da im Leerlauf die Rekombinationsrate gleich der Generationsrate ist, folgt, daß sie linear mit wachsender Intensität anwächst. Die Leerlaufspannung wächst daher logarithmisch mit dem Konzentrationsfaktor an und ebenso der Wirkungsgrad der Solarzelle.

Der bessere Wirkungsgrad und die kleinere Solarzellenfläche können in Gegenden mit viel direkter, ungestreuter Sonnenstrahlung den Aufwand der Konzentration lohnen. Bei der Konzentration der Strahlung mit Linsen oder Spiegeln sieht die Solarzelle nur noch einen Teil des Halbraums, im Grenzfall nur noch einen Raumwinkelbereich, in den gerade die Sonne hineinpaßt. Je stärker konzentriert wird, desto sorgfältiger muß das konzentrierende System der Sonne nachgeführt werden.

Die Konzentration der Strahlung hat aber auch Nachteile. Die Verbesserung des Wirkungsgrads setzt voraus, daß trotz größerer Einstrahlung die Temperatur der Zelle unverändert bleibt. Tatsächlich wächst die Zellentemperatur und bei schlechter Kühlung nimmt der Wirkungsgrad mit wachsender Konzentration sogar ab. Ein weiterer Nachteil ist durch die größere elektrische Stromstärke und den damit größeren Spannungsabfall an Serienwiderständen bedingt.

Für konzentrierte Strahlung sind spezielle Solarzellen, sogenannte Konzentrator-Zellen, entwickelt worden. Prinzipiell sind wegen der höheren Temperaturen Halbleiter mit größerem Bandabstand vorteilhaft. Sie müssen allerdings noch einen genügend großen Teil des Sonnenspektrums absorbieren. Gut geeignet sind Zellen aus GaAs. Wegen der kleineren Fläche spielen die gegenüber Silizium größeren Materialkosten keine so große Rolle. Es sind aber auch aus Silizium sehr gute Konzentrator-Zellen entwickelt worden.

Bei der Silizium-Punktkontaktzelle, die in Abb.7.17 gezeigt ist, fließen, anders als bei den bisher besprochenen Strukturen, die Elektronen und Löcher aus n- und p-dotierten Bereichen heraus, die abwechselnd nebeneinander auf der Rückseite liegen. Das hat den Vorteil, daß die Kontaktierung keine Abschattung verursacht und zur Vermeidung von Serienwiderständen großzügig gehalten sein kann. Um die Auger-Rekombination auf ein

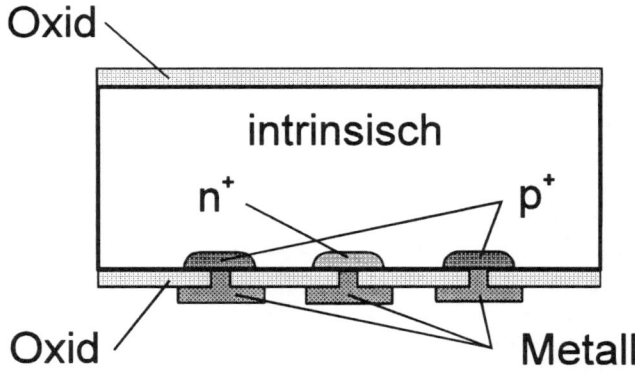

Abb. 7.17 Bei der Punktkontaktzelle für konzentrierte Strahlung liegen die pn-Übergänge und die Metallkontakte auf der Rückseite der Zelle

Minimum zu reduzieren, ist der größte Teil der Solarzelle undotiert. Die zur Erhaltung der Entropie pro Teilchen nötigen hoch dotierten Bereiche sind auf die Kontakte beschränkt. Für eine 100-fache Konzentration wurde ein Wirkungsgrad von 28% erreicht, allerdings bei einer Zellentemperatur von 25°C, was eine intensive Kühlung voraussetzt.[4]

---

[4] R. M. Swanson, Proc. 8. E.C. Photovoltaic Solar Energy Conference, Florenz 1988

7.10 Thermophotovoltaische Energiekonversion

Die solar-thermische Konversionsmethode aus Abschnitt 2.5 läßt sich für die Anwendung von Solarzellen abwandeln. Abb.7.18 zeigt das Prinzip.

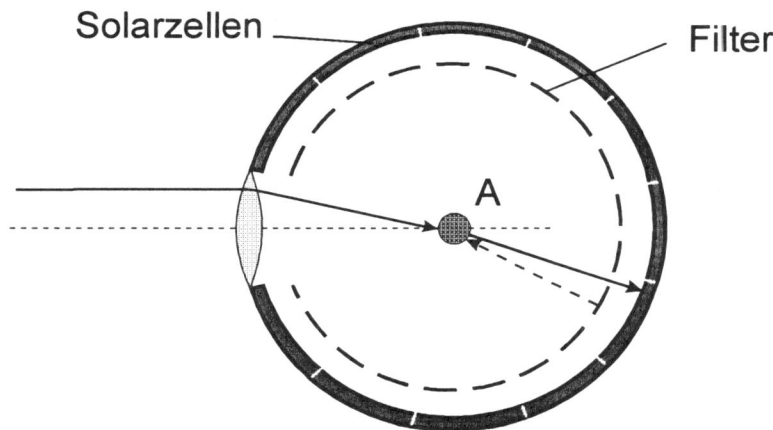

Abb. 7.18 Beim thermo-photovoltaischen Konverter ist der Zwischenabsorber von Solarzellen umgeben, die mit seiner Wärmestrahlung arbeiten.

Mit einer fokussierenden Optik wird die Sonnenstrahlung wieder auf einen Zwischenabsorber konzentriert, der dadurch auf die Temperatur T_A erhitzt wird. Der Zwischenabsorber ist konzentrisch von Solarzellen mit einheitlichem Bandabstand ε_G umgeben. Diese tragen auf ihrer Oberfläche ein Interferenzfilter, das Photonen mit $\varepsilon_G \leq \hbar\omega \leq \varepsilon_G + d\varepsilon$ ungeschwächt durchläßt und alle anderen Photonen, die die Solarzellen garnicht oder nicht vollständig nutzen können, ohne Verlust auf den Zwischenabsorber zurückreflektiert. Da alle Photonen, auch die von den Solarzellen durch das Filter emittierten, nicht verloren sind, sondern helfen, den Zwischenabsorber auf der Temperatur T_A zu halten, können die Zellen nahe der Leerlaufspannung betrieben werden und haben damit dann nach Abschnitt 4.1 für die Konversion der absorbierten Photonenenergie einen Wirkungsgrad von

$$\eta_{Zelle} = 1 - \frac{T_0}{T_A}. \tag{7.27}$$

Da das der Carnot-Wirkungsgrad ist, den wir bei der solar-thermischen Konversion in Abschnitt 2.5 für den Wirkungsgrad der Wärmekraftmaschine eingesetzt hatten, ergibt sich für die thermophotovoltaische Konversion der gleiche Gesamtwirkungsgrad wie für die solar-thermische Konversion

$$\eta = \left[1 - \left(\frac{T_A}{T_S}\right)^4\right]\left(1 - \frac{T_0}{T_A}\right) \tag{7.28}$$

mit einem maximalen Wert von $\eta = 0.85$ bei einer Absorbertemperatur von $T_A = 2478$ K.

Die praktische Realisierung dieses Konzepts scheitert an zwei Umständen. Bei der optimalen Temperatur des Zwischenabsorbers von $T_A = 2478$ K verdampfen alle Materialien so stark, daß das Interferenzfilter bald mit einer undurchlässigen Schicht bedeckt ist. Zum zweiten läßt sich ein Interferenzfilter, das nur in einem schmalen Photonenenergie-Intervall transmittiert und ansonsten reflektiert, prinzipiell nicht frei von Absorption realisieren. Verwendet man z.B. Si-Solarzellen, dann hat nur ein sehr kleiner Teil der vom Zwischenabsorber emittierten Photonen die nötige Energie $\hbar\omega \geq \varepsilon_G$. Auch geringe Absorption des großen Rests im Interferenzfilter ergibt einen großen Verlust.

In der Anordnung der Abb. 7.18 muß allerdings der Zwischenabsorber nicht unbedingt von der Sonne geheizt werden. Es ist auch möglich, den Zwischenabsorber auf andere Weise zu heizen, z.B. durch Verbrennen von Gas. Strahlungsverluste nach außen müssen dann nicht auftreten, weil der Hohlraum völlig geschlossen sein kann. Wärme auf diese Weise mit Solarzellen in elektrische Energie umzuwandeln, wurde erstmals in der Sowjetunion für Kernreaktoren vorgeschlagen. Man stellte sich vor, glühende Reaktor-Brennelemente mit Solarzellen zu umgeben. Es hat sich aber niemand getraut, dieses Konzept auszuprobieren.

8 Ausblick

Im ersten Kapitel hatten wir kennengelernt, daß unsere gegenwärtige Energiewirtschaft so nicht weitergeführt werden kann, weil wir dabei sind, den Zustand der Erde zu verändern. Der Mensch und das ganze Leben auf der Erde haben sich in einem sehr langsamen Evolutionsprozeß in stetiger Anpassung an diese Bedingungen entwickelt. Schnelle Änderungen dieser Bedingungen bezeichnen wir nicht umsonst als Naturkatastrophen. Das Leben auf der Erde ist ein sehr komplexes System, dessen innere Zusammenhänge wir auch heute noch nicht völlig überblicken. Will man nicht große Abweichungen vom gegenwärtigen Gleichgewicht riskieren, die das Leben als ganzes oder Teile davon in Gefahr bringen, dann sind nur kleine Änderungen der Umweltbedingungen erlaubt. Auf kleine Änderungen reagiert nämlich jedes System, auch unser komplexes Ökosystem linear, also auch mit nur kleinen Abweichungen vom alten Gleichgewichtswert. Die Beschränkung auf kleine Änderungen bedeutet, daß wir nur Prozesse benutzen dürfen, die es auch ohne den Menschen im bisherigen Gleichgewicht gibt, wie das Verbrennen von Holz, Kohle, Öl und Gas. Die dabei entstehenden Reaktionsprodukte wie CO_2, CO, SO_2 sind auch die Folge natürlicher Prozesse. Die jetzt vom Menschen erzeugten Mengen verletzen allerdings die Bedingung der Kleinheit der Änderung. Diese Bedingung ist jedoch auf jeden Fall verletzt, wenn Prozesse benutzt oder Substanzen erzeugt werden, die es ohne den Menschen gar nicht gibt. Das trifft besonders für viele Abfallprodukte der Kernenergienutzung zu. Ein anderes Beispiel sind die Fluorchlorkohlenwasserstoffe (FCKW), die in der Natur nicht vorkommen. Da sie jedoch ungiftig sind, chemisch nicht reagieren, also auch nicht brennbar sind, galten sie als völlig ungefährlich. Die Überraschung war groß, als man feststellte, daß sie die Ozonschicht zerstören und in großem Maße am Treibhauseffekt beteiligt sind. Für solche Überraschungen gibt es noch viele Beispiele.

Beim Prozeß der Gewinnung von Elektrizität aus Sonnenenergie mit Solarzellen können wir vor solchen Überraschungen sicher sein. Mit dem, was in einer Solarzelle stattfindet, klinken wir uns nämlich nur ein in Prozesse, die auch ohne uns ablaufen. Ohne uns würde die Sonnenstahlung nämlich von der Erdoberfläche absorbiert und teilweise reflektiert werden. Dadurch erwärmt sich die Erde gerade auf die Temperatur, bei der sie den von der Sonne absorbierten Energiestrom wieder abstrahlen kann. Diesen Prozeß dürfen wir nur wenig ändern. Thermodynamisch gesehen wird die Wärme, die mit Sonnentemperatur eingestrahlt wird, auf Erdtemperatur abgekühlt. Die bei Sonnentemperatur wertvolle Wärme ist nach der Abkühlung praktisch wertlos. Lassen wir die Sonnenstrahlung dagegen auf Solarzellen fallen, dann wird ein Teil davon (in realen Systemen mit etwa 20% Wirkungsgrad: das meiste) an Ort und Stelle auf Umgebungstemperatur abgekühlt. Die von den Solarzellen erzeugte elektrische Energie lassen wir bei ihrer Nutzung einen Umweg durch den Verbraucher machen, bevor sie durch Reibung und andere dissipative Prozesse schließlich auch zu Wärme von Umgebungstemperatur degradiert und auch abgestrahlt wird. Mit Hilfe der Solarzellen lassen wir den natürlichen Abkühlungsprozeß der Sonnenwärme lediglich andere, für uns günstigere Wege laufen.

Die vorangegangenen Kapitel haben nicht nur gezeigt, daß Solarzellen geeignet sind, um aus Sonnenenergie elektrische Energie zu gewinnen. Sie haben auch gezeigt, daß es dafür nichts Besseres gibt, wenn Solarzellen geschickt eingesetzt werden, wie z.B. in Tandemanordnungen, weil damit die von der Thermodynamik vorgegebenen Grenzen des Wirkungsgrads erreichbar sind. Das ist einerseits gut, weil wir nicht aus Gründen der prinzipiellen Grenzen des Wirkungsgrads weiter nach neuen Techniken der Sonnenenergienutzung suchen müssen, andrerseits können wir nicht hoffen, daß zukünftige Entdeckungen uns Techniken mit prinzipiell größeren Wirkungsgraden bescheren werden, und wir deswegen mit der ernsthaften Entwicklung einer Sonnenenergienutzung in großem Stil noch warten sollten.

Unsere jetzige Energiewirtschaft verbraucht Sauerstoff und erzeugt CO_2. Wegen der weitläufigen, schnellen Ausbreitung von Gasen ist das jedoch weitgehend kein lokales, sondern ein globales Problem. Das ist ein glücklicher Umstand für dicht besiedelte Gebiete wie Deutschland, wo es sonst keinen Sauerstoff mehr zum Atmen gäbe. Es hat aber auch zur Folge, daß sich Politiker nur schwer zu einer radikalen Änderung der gegenwärtigen Energiewirtschaft entschließen können, weil die dazu nötigen großen Anstrengungen lokal nicht belohnt werden, wenn sie nicht weltweit unternommen werden.
Eine globale Energieversorgung aus Sonnenenergie muß, sozusagen definitionsgemäß, möglich sein. Wenn unser Energiebedarf nämlich nicht klein gegen den von der Sonne auf die Erde kommenden Energiestrom wäre, dann hätte die Deckung dieses Bedarfs aus Vorräten auch ohne den Treibhauseffekt schon eine erhebliche Erhöhung der Erdtemperatur zur Folge.
Eine kurze Abschätzung zeigt, daß eine globale Versorgung aus Sonnenenergie im Prinzip leicht möglich ist. Von den $10 \cdot 10^9$ t SKE/a, die weltweit verbraucht werden, wird das meiste zur Erzeugung von Wärme niedriger Temperatur, zum Heizen und Kochen, verwendet. Ein großer Teil dieses Bedarfs kann mit Sonnenkollektoren selbst in Ländern wie Schweden bei guter Wärmeisolation an Ort und Stelle gedeckt werden. Der Rest, etwa $5 \cdot 10^9$ t SKE/a oder $5 \cdot 10^{13}$ kWh/a, könnte photovoltaisch mit Solarzellen erzeugt werden. Der größte Teil davon würde zur Erzeugung von Wasserstoff verwendet, um eine leicht transportierbare, speicherbare Form chemischer Energie zu erhalten. In sonnenreichen Gegenden mit Einstrahlungen von mehr als 2000 kWh/(a m²) würde bei einem Gesamtwirkungsgrad von 10 Prozent eine Fläche von $2,5 \cdot 10^{11}$ m² benötigt. Ein Vielfaches dieser Fläche von 500 km mal 500 km steht uns in den sonnenreichen Wüsten zur Verfügung. Trotzdem können angesichts der riesigen Größe dieser Fläche Zweifel an einer globalen Sonnenenergienutzung kommen. Da wir daran aber nicht vorbei kommen werden, kann die Konsequenz nur sein, den Energiebedarf zu reduzieren, zumindest nicht weiter zu steigern.
Diese Zukunftsvision, die schon aus politischen Gründen gegenwärtig nicht realisierbar ist, darf uns nicht den Blick dafür verstellen, welchen Beitrag die Sonnenenergie schon jetzt und in Deutschland leisten kann. Nur, wenn dieses Potential in den Industrieländern groß ist, werden die Techniken entwickelt, die für die Wüste gebraucht werden. Wir machen deshalb eine Abschätzung der in Deutschland möglichen Erzeugung von elektrischer Energie mit Solarzellen.

In der Bundesrepublik wohnen etwas über 80 Millionen Einwohner auf einer Fläche von 357000 km². Die Bevölkerungsdichte ist damit 226 Einwohner pro km², und jedem stehen 4425 m²/Kopf zur Verfügung. Die Sonne liefert in Deutschland über das Jahr summiert etwa 1000 kWh/(a m²), das sind im zeitlichen Mittel 115 W/m². Pro Person liefert die Sonne auf den 4425 m²/Kopf im zeitlichen Mittel rund 500 kW/Kopf. Der gegenwärtige Energiebedarf ist dagegen 5,7 kW/Kopf, davon 0,76 kW/Kopf an elektrischer Energie. Es ist jetzt nicht vorstellbar, daß ein wesentlicher Teil der Fläche der Bundesrepublik zur Energiegewinnung genutzt wird, obwohl wir uns den Luxus leisten, für unseren wichtigsten Energiebedarf, nämlich die nur 0,1 kW/Kopf an Nahrung, 180 000 km², die Hälfte der Gesamtfläche Deutschlands, als Acker- und Grünland für die Landwirtschaft zu beanspruchen.
Für die Befriedigung des elektrischen Energiebedarfs mit Solarzellen würden bei einem Wirkungsgrad von 20%, der in Zukunft wohl erreicht wird, 33 m²/Kopf an Fläche gebraucht. Das

ist fast soviel wie die 35 m²/Kopf, die im Mittel jedem in Deutschland als Wohnraum zur Verfügung stehen. Wir schätzen, daß in gewerblich genutzten Gebäuden mindestens nochmal die gleiche Fläche hinzukommt. Nehmen wir im Mittel dreigeschossige Gebäude an, dann ergibt sich eine Bodenfläche von 23 m²/Kopf, die in Deutschland von Gebäuden bedeckt ist. Etwas größer werden die Dachflächen sein, von denen nur die nach Norden weisenden für die Sonnenenergienutzung ungeeignet sind. Zusätzlich sind, insbesondere bei Hochhäusern, die nach Süden weisenden Fassadenflächen gut geeignet.
Als Ergebnis dieser Abschätzung halten wir fest, daß an und auf den bestehenden Gebäuden schon fast die zur Deckung unseres gegenwärtigen elektrischen Energiebedarfs mit Solarzellen benötigte Fläche vorhanden ist. Es ist also nicht die Rede davon, Wälder durch Solarzellen zu ersetzen. Da die Sonne im Sommer mehr scheint als im Winter, wir aber im Winter mehr Energie brauchen als im Sommer, muß Energie vom Sommer zum Winter gespeichert werden. Das ist ein noch ungelöstes Problem. Es wird sicher nicht ohne Speicherverluste gehen, was den Bedarf an Dachfläche noch vergrößert. Bei einer solchen Rechnung muß aber auch berücksichtigt werden, daß gegenwärtig elektrische Energie zur Erzeugung von Wärme niedriger Temperatur, zur Heizung von Gebäuden und für warmes Wasser, vergeudet wird. Wir könnten mit wesentlich weniger elektrischer Energie auskommen, ohne auf Komfort zu verzichten. Das große Potential, mit Solarzellen elektrische Energie ohne Zerstörung unserer Umwelt auch unter den nicht sehr günstigen Einstrahlungsbedingungen in Deutschland zu erzeugen, rechtfertigt die größten Anstrengungen.
Wegen der großen Bevölkerungsdichte in Deutschland und dem großen Energieverbrauch pro Kopf ist es nicht sehr wahrscheinlich, daß jemals der ganze Energiebedarf durch Nutzung der Sonnenenergie ausschließlich auf dem Boden Deutschlands gedeckt wird. Wahrscheinlicher ist, daß Deutschland auch in einem Zeitalter der Sonnenenergienutzung Energie aus sonnenreicheren, dünner besiedelten Ländern importieren wird.

9 Anhang

Naturkonstanten

Boltzmann-Konstante	k	$= 1.3806 \cdot 10^{-23}$ Ws/K	$= 8.617 \cdot 10^{-5}$ eV/K
Planck-Konstante	h	$= 6.626 \cdot 10^{-34}$ Ws²	$= 4.136 \cdot 10^{-15}$ eVs
	$\hbar$	$= 1.0546 \cdot 10^{-34}$ Ws²	$= 6.583 \cdot 10^{-16}$ eVs
Lichtgeschwindigkeit	c_{vac}	$= 2.998 \cdot 10^8$ m/s	
Elementarladung	e	$= 1.602 \cdot 10^{-19}$ As	
Stefan-Boltzmann-Konst.	σ	$= 5.67 \cdot 10^{-8}$ W/(m²K⁴)	
Raumwinkel der Sonne	Ω_S	$= 6.8 \cdot 10^{-5}$	

$$\hbar\omega \cdot \lambda = hc_{vac} = 1.241 \cdot \text{eV}\mu\text{m}$$

$$\frac{1}{4\pi^3 \hbar^3 c_{vac}^2} = 5.03 \cdot 10^7 \frac{W}{(eV)^4 m^2}$$

Energieeinheiten

1 eV $= 1.602 \cdot 10^{-19}$ J
1 J $= 1$ Ws $= 1$ Nm
1 kWh $= 3.6 \cdot 10^6$ J

Materialkonstanten

	Ge	Si	GaAs
ε_G / eV	0.66	1.12	1.42
χ / eV	4.13	4.01	4.07
ε	16	11.9	13.1
N_C / cm^{-3}	$1 \cdot 10^{19}$	$3 \cdot 10^{19}$	$5 \cdot 10^{17}$
N_V / cm^{-3}	$6 \cdot 10^{18}$	$1 \cdot 10^{19}$	$7 \cdot 10^{18}$
n_i / cm^{-3}	$2.4 \cdot 10^{13}$	$1 \cdot 10^{10}$	$1.8 \cdot 10^6$
m_e^* / m_e	0.22	0.22	0.067
m_h^* / m_e	0.29	0.55	0.47
$b_e / cm^2 (Vs)^{-1}$	3600	1350	8500
$b_h / cm^2 (Vs)^{-1}$	1800	480	400

Standardspektrum $AM1.5$ global mit insgesamt 1000 W/m²

$\dfrac{\lambda}{\mu m}$	$\dfrac{dj_E/d\lambda}{W/(m^2\,\mu m)}$	$\dfrac{\lambda}{\mu m}$	$\dfrac{dj_E/d\lambda}{W/(m^2\,\mu m)}$	$\dfrac{\lambda}{\mu m}$	$\dfrac{dj_E/d\lambda}{W/(m^2\,\mu m)}$
0.3050	9.5	0.7400	1271.2	1.5200	262.6
0.3100	42.3	0.7525	1193.9	1.5390	274.2
0.3150	107.8	0.7575	1175.5	1.5580	275.0
0.3200	181.0	0.7625	643.1	1.5780	244.6
0.3250	246.8	0.7675	1030.7	1.5920	247.4
0.3300	395.3	0.7800	1131.1	1.6100	228.7
0.3350	390.1	0.8000	1081.6	1.6300	244.5
0.3400	435.3	0.8160	849.2	1.6460	234.8
0.3450	438.9	0.8237	785.0	1.6780	220.5
0.3500	483.7	0.8315	916.4	1.7400	171.5
0.3600	520.3	0.8400	959.9	1.8000	30.7
0.3700	666.2	0.8600	978.9	1.8600	2.0
0.3800	712.5	0.8800	933.2	1.9200	1.2
0.3900	720.7	0.9050	748.5	1.9600	21.2
0.4000	1013.1	0.9150	667.5	1.9850	91.1
0.4100	1158.2	0.9250	690.3	2.0050	26.8
0.4200	1184.0	0.9300	403.6	2.0350	99.5
0.4300	1071.9	0.9370	258.3	2.0650	60.4
0.4400	1302.0	0.9480	313.6	2.1000	89.1
0.4500	1526.0	0.9650	526.8	2.1480	82.2
0.4600	1599.6	0.9800	646.4	2.1980	71.5
0.4700	1581.0	0.9935	746.8	2.2700	70.2
0.4800	1628.3	1.0400	690.5	2.3600	62.0
0.4900	1539.2	1.0700	637.5	2.4500	21.2
0.5000	1548.7	1.1000	412.6	2.4940	18.5
0.5100	1586.5	1.1200	108.9	2.5370	3.2
0.5200	1484.9	1.1300	189.1	2.9410	4.4
0.5300	1572.4	1.1370	132.2	2.9730	7.6
0.5400	1550.7	1.1610	339.0	3.0050	6.5
0.5500	1561.5	1.1800	460.0	3.0560	3.2
0.5700	1507.5	1.2000	423.6	3.1320	5.4
0.5900	1395.5	1.2350	480.5	3.1560	19.4
0.6100	1485.3	1.2900	413.1	3.2040	1.3
0.6300	1434.1	1.3200	250.2	3.2450	3.2
0.6500	1419.9	1.3500	32.5	3.3170	13.1
0.6700	1392.3	1.3950	1.6	3.3440	3.2
0.6900	1130.0	1.4425	55.7	3.4500	13.3
0.7100	1316.7	1.4625	105.1	3.5730	11.9
0.7180	1010.3	1.4770	105.5	3.7650	9.8
0.7244	1043.2	1.4970	182.1	4.0450	7.5

Index

A

Abbésche Sinusbedingung 25
abbildendes System 24
Absorption, reversible 32
Absorptionsgrad 19, 20, 59, 102
    mit Lichteinfang 122
Absorptionskonstante 19, 55, 57
Absorptionswirkungsgrad 129
Abstrahlung, in den Halbraum 16
Air Mass 22
Akzeptoren 46
AM1.5 22, 23
ambipolare Diffusion 89
Auger-Rekombination 64
Austrittsarbeit 53, 109

B

back surface field 119
Beweglichkeit 80
Bose-Einstein-Verteilung 12
Brechungsgesetz 59

C

Carnot-Wirkungsgrad 29, 75
chemische Energie 52
    der Elektron-Loch Paare 74
chemisches Potential 50
    konzentrationsabhängiger Anteil 53
    der Photonen 63, 76
Clausius 24
CO_2-Gehalt 6

D

Dember-Effekt 89
detailliertes Gleichgewicht 61
Dichte der Elektronen 40
dielektrische Relaxation 88
Diffusion, ambipolare 89
Diffusionslänge 87, 98
Diffusionsspannung 95
Diffusionsstrom 81
direkter Übergang 38, 54
Donatoren 45
Dotierung 45
Driftgeschwindigkeit 80
Dünnschicht-Solarzellen 125
Durchlaßrichtung 98

E

effektive Masse 37
effektive Zustandsdichte 40
Eindringtiefe der Photonen 56
Einfangquerschnitt 65
elektrische Leitfähigkeit 80
elektrisches Feld in Solarzellen 111
elektrische Spannung 86, 100
elektrisches Potential 44, 50
elektrochemische Solarzelle 92
elektrochemisches Gleichgewicht 51, 94
elektrochemisches Potential,
    der Elektronen 49
    der Löcher 52
Elektrolyt 93
Elektronendichte 34, 40
Elektronenaffinität 45, 53, 107
Emissionsgrad 19
Emissionsrate 61, 62
Energie pro Photon, mittlere 13
Energie pro Elektron, mittlere 41
Energie pro Loch, mittlere 43
Energiebänder 35
Energiedichte der Photonen 12
Energiedichte pro Raumwinkel 13, 17
Energiedissipation 83
Energielücke 34
Energieskala 45
Energiestrom 13
Energiestromdichte pro Raumwinkel
    13, 17
Energieverbrauch 2
Energie-Vorräte 3
Entropie 25
Entropie, pro Elektron 51
Entropieerzeugung 85
Entropiestrom 31
Erdtemperatur 6

Index

Ersatzschaltung der Solarzelle 126

F

Farbstoff 92
Feldstrom 79
Fensterschicht 125
Fermi-Verteilung 39
Freie Energie 39, 50
Füllfaktor 115, 129

G

Generationsrate 58, 59, 101
geometrische Optik 26
Gesamtladungsstrom 82
Glühemission 53

H

Haftstellen 47
Halbleiter 33
Halbleiter-Metall-Kontakt 108
    Rekombination 70
Helmholtz 24
Heteroübergänge 105, 125
Hohlraum 9

I

ideales Gas 51
indirekter Übergang 38, 56
intrinsische Dichte 41

K

Kirchhoffsches Strahlungsgesetz 18
Kohlehydrate 4
    Verbrennung 6
Kohlendioxid 6
Kohlenstoff 4
    maximaler Vorrat 5
kombinierte Masse 54
kombinierte Zustandsdichte 54
Kontakte 108
Kontinuitätsgleichung 58
Konzentration der Sonnenstrahlung 23
    maximale 27
Konzentrationsfaktor 26, 27
Konzentrator 28
Konzentrator-Zellen 135
Kurzschlußstrom 102, 115

L

Ladungsneutralität 66
Landsberg-Wirkungsgrad 31
Lebensdauer 68, 71
    bei strahlenden Übergängen 72
Leerlaufspannung 102, 116
    Temperaturabhängigkeit 127
Leitfähigkeit 80
Leitungsband 34
Lichteinfang 120
Lichtstärke 26
Löcher 42
Lumineszenzstrahlung 63

M

maximale Leistung 115
MIS-Kontakt 110
mittlere Energie der Elektronen 41
mittlere Energie der Löcher 43
mittlere Energie der Photonen 13

N

n-Leiter 47

O

Oberflächenrekombination 69
Oberflächenrekombinations-
    geschwindigkeit 70
Oberflächenstruktur 124
Oberflächenzustände 69, 108
ohmscher Kontakt 108

P

p-Leiter 47
Parallelwiderstand 126
Phononen 33
Photonendichte 9, 13
Photosynthese 3
Plancksches Strahlungsgesetz 9, 12
pn-Übergang 93
Poisson-Gleichung 95
Primärenergieverbrauch 2
Punkt maximaler Leistung 115
Punktkontaktzelle 136

Q

Quasi-Fermi-Verteilung 48

R

Raumladung 95
Raumladungszone 96
Raumwinkel 11, 121
Reaktionswiderstand 100
Redoxsystem 93
Reflexionsgrad 19
Rekombination,
   strahlend 61
   nicht-strahlend 64
   über Störstellen 65, 103
Rekombinationszentren 47, 65, 103

S

Schottky-Kontakt 110
schwache Anregung 72
schwache Injektion 72
schwarzer Körper 19
Schwarzer Strahler 9
Serienwiderstand 126
Serienschaltung 134
Shockley-Read-Hall Rekombination 66
Silizium-Solarzelle 118
Solarzellenstruktur 92
   ideale 78
Sonnenspektrum 20
Sperrichtung 98
Sperrstrom 101
Stefan - Boltzmannsches
   Strahlungsgesetz 16
Störstellen-Rekombination 65, 103
Stoßionisation 54, 64
Stoßzeit 80
Strom chemischer Energie 77
Strom-Spannungskennlinie 98, 101, 124
strukturierte Oberfläche 124

T

Tandemzellen 130
Thermalisierung 33, 48
Thermalisierungswirkungsgrad 129
thermodynamischer Wirkungsgrad 129
thermodynamisches Gleichgewicht 50
thermophotovoltaische Konversion 137

Totalreflexion 121
Transmissionsgrad 19
Transport, selektiver 79, 85
Transportwiderstand 100
Treibhauseffekt 6
Tunneln 109

U

Unbestimmtheitsrelation 36

V

Valenzband 34
Venus 8
Verbrennung 6
Verteilungsfunktion,
   für Elektronen 34, 39
   für Photonen 12

W

Wasserstoffatom, Ionisierungsenergie 46
Wellenvektor 10, 11
Widerstand 100
Wirkungsgrad 117
   maximaler 28, 74, 114, 134, 137

Z

Zustände 9
Zustandsdichte,
   für Elektronen 35, 37
   für Photonen 9, 11
Zwei-Dioden-Modell 103